원서발췌
추측술

고전 명작을 읽는 가장 쉬운 길,
'지식을만드는지식 원서발췌'

축약, 해설, 리라이팅이 아닙니다. 원전의 핵심 내용을 문장 그대로 가져옵니다. 작품의 오리지널리티를 가감 없이 느낄 수 있습니다.
두껍고 읽기 어려워 책장을 덮어 버리곤 했던 고전을 발췌합니다. 해당 작품을 연구한 전문가가 작품의 정수를 가려 뽑아냅니다. 핵심만 읽기 때문에 더 빠르게 더 많은 고전을 읽을 수 있습니다. 제외된 부분은 중간중간 친절하게 요약 설명합니다. 풍부한 해설과 주석으로 전체 내용을 파악하는 데 무리가 없습니다. 정확한 번역, 적절한 윤문으로 10대에서 80대까지 누구나 쉽게 읽을 수 있습니다. 콤팩트한 사이즈와 분량이므로 간편하게 휴대할 수 있습니다. 수천 쪽의 고전을 발췌된 내용으로 읽고도 전체 의미를 파악할 수 있는 것이 지식을만드는지식 원서발췌의 매직입니다. 발췌율은 표지에 표시하고 발췌 방법은 일러두기에 상세히 밝힙니다.
고전 독자를 발췌 읽기에서 완역 읽기로, 더 나아가 원전 읽기로 안내합니다. 바쁜 현대인들에게 새로운 고전읽기 방법을 제시합니다.

원서발췌
추측술

Ars Conjectandi

야코프 베르누이(Jakob Bernoulli) 지음
조재근 옮김

대한민국, 서울, 지식을만드는지식, 2026

편집자 일러두기

- 이 책의 원전은 라틴어로 되어 있습니다. 지식을만드는지식 시리즈는 원전의 언어를 그대로 번역하는 것이 원칙이지만 국내에서 라틴어 번역이 여의치 않는 이유로 이 책은 영어 번역을 중역했습니다.
- 이 책은 《The Art of Conjecturing》(translated by Edith Dudley Sylla, Johns Hopkins University Press, 2006)을 저본으로 삼아 옮겼으며, 셰이닌(Oscar Sheynin)이 2005년에 《추측술》 제4부만 영어로 번역한 것(http://www.sheynin.de/ download/bernoulli.pdf)도 참조했습니다. 번역한 분량은 원전의 30% 정도입니다.
- 이 책은 확률의 역사라는 전문 분야에 속하므로 옮긴이의 주가 많이 필요하지만 분량을 감안하여 옮긴이 주의 수를 최소한으로 줄였습니다. 그리고 교과서나 인터넷, 백과사전 등에서 쉽게 찾을 수 있는 사항과 인물에 대해서는 원칙적으로 옮긴이 주를 붙이지 않았습니다.
- 필요에 따라 실라 교수가 영어 번역에 붙인 각주 일부를 옮겼는데, 그런 것은 각주 앞에 (Sylla, p. 206)과 같이 출처를 밝혔습니다. 그 외의 각주는 모두 옮긴이가 붙인 것입니다.
- 독자들이 다른 문헌에서 《추측술》이 인용된 것을 찾아볼 때 편리하도록 라틴어 원전의 페이지 수를 [페이지 214]와

같이 나타냈습니다.

- 원문에서 이탤릭체로 강조된 부분은 굵은 글씨체로 나타내었습니다.
- 《추측술》을 쓴 베르누이의 이름은 영어, 불어, 독어 등 각 언어로 표기할 때마다 James, Jacques, Jacob, Jakob 등으로 다르기 때문에 자칫 여러 사람으로 오해하기 쉬우므로 잘 가려 읽어야 합니다. 우리말로 옮길 때도 같은 문제가 생기는데 이 책에서는 외래어표기법을 따라 '야코프 베르누이'라고 옮겼습니다.
- 옮긴이가 앞서 번역한 《통계학의 역사》(한길사, 2005)와 비교할 때 사람 이름을 달리 표기한 것이 있습니다. 가령 그 책에 '야콥 베르누이'로 했던 것을 이 책에서는 '야코프 베르누이'로, '호이겐스'를 '하위헌스'로 바꾸었는데, 이전에 옮긴이가 나름대로 표현했던 것들을 이번에는 모두 외래어표기법을 따랐기 때문입니다.
- 괄호가 중복될 때에는 [ ]를 사용했습니다.
- 옮긴이가 붙인 각주에서 자주 언급한 참고 문헌은 여기에 따로 밝혀 두고 본문에서는 줄여서 나타내었습니다.

A. W. F. Edwards, 《Pascal's Arithmetical Triangle: The Story of a Mathematical Ideas》, Johns Hopkins University Press, 2002(본문에서는 Edwards, PAT).

A. Hald, 《A History of Probability and Statistics and Their

Applications before 1750》, Wiley, 1990(본문에서는 Hald, HPS).

- 이 책은 2008년 2월 15일 한정판 '고전선집' 시리즈로 처음 출간했습니다. 2013년 1월 15일 표지를 바꿔 '천줄읽기' 시리즈로 다시 출간했다가 이번에 '원서발췌' 시리즈로 옮겨 출간합니다.

차례

제1부
우연에 따르는 게임에서 계산에 대한 하위헌스의 논문과 야코프 베르누이의 해설[1)]

1) 하위헌스의 글은 열네 개의 정리로 되어 있고 마지막에 독자들을 위한 다섯 개의 문제가 붙어 있다. 베르누이는 각 정리와 문제에 해설을 달았는데 길이로 볼 때 베르누이의 해설은 하위헌스의 본문의 네 배 정도 된다. 해설에서 베르누이는 하위헌스의 정리 내용을 일반화하기도 하고 하위헌스의 것과 다른 증명이나 해법을 제시하기도 했다.

크리스티안 하위헌스[2)]의 서문

우연에 따르는 게임에 필요한 계산에 대하여

[페이지 3] 순전히 운에 따라 결정되는 게임에서 그 결과들은 불확실하지만, 지는 쪽보다 이기는 쪽에 어떤 사람이 얼마만큼 더 가까운가는 풀 수 있는 문제다. 그러므로 만일 누군가가 주사위를 처음 던져서 6이 나올 것이라고 장담한다면 그 말이 실현될지는 불확실하지만 그 말이 실

---

2) 크리스티안 하위헌스(Christiaan Huygens, 1629~1695): 네덜란드 과학자로서 수학, 광학, 천문학, 물리학 등의 분야에서 당대 가장 저명한 학자 중 한 사람이었다. 17세기 유럽의 과학을 이끌었던 자연철학자의 계보는 데카르트-하위헌스-뉴턴으로 이어진다. 그는 부유한 가정에서 태어나 유럽의 여러 도시에 머물며 연구 활동에 주력했는데, 갈릴레이의 운동 이론을 발전시키는 한편 진자시계를 발명했으며 망원경의 렌즈를 개량하기도 했다. 또한 빛의 파동설을 주장했다. 베르누이의 《추측술》에 실린 이 글은 하위헌스에게 수학을 가르친 판스호턴(van Schooten)의 책에 덧붙여 라틴어로 발표된 것으로 원래 제목은 《우연에 따르는 게임의 추론에 대하여(De Ratiociniis in Ludo Aleae)》다. 이 글이 나온 1657년 이전까지 파스칼, 페르마 등을 비롯하여 확률에 대해 연구한 사람들은 모두 연구 내용을 편지로 주고받았을 뿐이었으므로 이 글은 확률(비록 '확률'이라는 단어가 한 번도 나오지는 않았지만)에 대한 것 중 최초로 발표된 것이었고 18세기 초 드몽모르, 베르누이, 드무아브르의 책이 나오기 전까지 약 반세기 동안 널리 읽혔다.

현되기보다 실현되지 않을 가능성이 얼마나 더 큰지는 확실하며 계산으로 알 수 있다. 그와 비슷하게 세 번 먼저 이기면 승리하는 게임을 어떤 사람과 내가 하다가 내가 이미 한 번 이겼다고 하더라도 아직은 두 사람 중 누가 세 번을 먼저 이겨 승리할지 확실하지 않다. 하지만 우리는 내 기댓값과 상대방의 기댓값이 얼마나 될지 더할 나위 없이 정확하게 계산할 수 있다. 이로부터 또한 승패가 다 가려지기 전에 그 게임을 중단하기로 한다면 내가 상대방보다 판돈을 얼마만큼 더 가져야 될지, 또 중단된 상태에서 나를 대신하여 누군가가 게임을 계속할 사람이 있다면 그가 얼마를 내야 할지 결정할 수 있다. 게임에 참가하는 사람이 둘, 셋, 또는 더 많을 때도 비슷한 문제들이 무수히 생길 것이다. 이런 종류의 계산들이 종종 필요한데도, 보통 잘 모르고 있기 때문에 계산에 쓰일 방법을 여기서 간략히 설명해 보려 한다. 그런 다음에는 주사위 게임에 특히 적절한 방법들 또한 설명할 것이다.

두 경우 모두 나는 어떤 사람이 우연의 게임에서 얻게 될 몫 또는 기댓값[3]의 가치란, 만일 그 금액을 갖고 있으

3) '기댓값'은 《추측술》에서 핵심이 되는 단어다. 여기서 '몫 또는 기댓값'이라고 옮긴 부분은 베르누이가 쓴 라틴어로는 'sors seu expectatio'인데 'expectatio'는 '기댓값'이라고 옮기면 문제없겠다. 하지만 영역자

면 다시 공정한 조건에서 게임을 할 때 같은 [페이지 4] 기댓값에 도달할 수 있다는 기본 원칙을 이용할 것이다. 예를 들어 누가 비슷한 동전 세 개를 한 손에 감추고 다른 손에는 일곱 개를 감추고 있는데, 나는 어느 손에 얼마나 들어 있는지 모른다고 하자. 이때 만일 내가 어느 손을 택하든 상대방은 그 손에 있는 돈을 나에게 준다고 제안한다면, 그의 제안은 내게 동전 다섯 개를 주는 것과 같은 가치를 갖는다. 왜냐하면 만일 내가 동전 다섯 개를 갖고 있다면, 같은 조건으로 경쟁해서 셋 또는 일곱 개 동전을 얻으리라고 동일하게 기대할 상황에 다시 도달할 수 있기 때문

인 실라 교수는 'sors'라는 단어가 영어로 옮기기 까다로운 단어라고 하면서 흔히 이 단어는 영어로 'chance'라고 번역되지만 베르누이의 용법에는 어떤 사업의 동업자들이 낸 분담금, 그리고 그에 따른 성과의 분배라는 뜻도 있으므로 'lot'이라는 단어가 더 어울린다고 주장했다 (Sylla, pp. 113~ 121). 'lot'이라는 용어에 대응할 한국어 단어를 여러 가지 모색했으나 이 경우에는 원전에 충실하기보다는 뜻을 전달하는 것을 우선으로 두고 이 번역에서는 'lot'과 'expectation'을 모두 '기댓값'이라고 옮겼다. 본문에서는 도박에서 승리하여 얻는 돈을 편의상 1이라고 두는 경우가 많은데 그 경우의 기댓값은 확률이라고 간주해도 되겠다. 또한 여러 번 시행이 거듭되는 경우 중간 과정에서 나오는 기댓값, 확률은 오늘날 표현으로는 조건부 기댓값, 조건부 확률인데 그러한 표현들은 베르누이가 쓰지 않은 용어이므로 번역에서도 그렇게 표현하지 않았다.

이다.[4)]

4) 이 부분이 뜻하는 바는 다음과 같다. 만일 내가 동전 다섯 개를 갖고 있다면 그 돈을 그 게임에 참가할 적정 참가비로 낸다. 그런 다음에 기댓값이 내가 낸 참가비와 같은 게임에 참가할 수 있다. 오늘날 '수학적 기댓값(mathematical expectation)'은 '정의'되는 것이지 여기서 하위헌스나 베르누이가 하고 있듯이 증명하고 유도해 내야 할 것은 아니다. 아래의 정리 1, 2, 3에서 볼 수 있듯이 그들이 생각한 기댓값은 그 개념에서 수학적 기댓값과 다른 것이지만 값은 서로 같다. 하위헌스는 게임(돈을 거는 도박 또는 돈을 주고 사는 복권 등)에 참가할 수 있는 참가비, 또는 게임에 참가할 때 거는 돈이 바로 그 '게임의 값'과 같아야 하며 그 값이 게임에 참가하는 사람이 '기대하는 값'이라는 공리에서 정리들을 증명한다. 즉 최초로 기댓값을 생각한 사람들은 게임을 일종의 상업적 거래처럼 보고 '정당하게 게임에 참가할 수 있는 조건'을 중요하게 여겼던 것이다. 게임에서 이길 확률과 그 게임에 걸린 총액을 곱한 것을 그 게임의 '값'으로 처음 부른 사람은 1654년에 페르마와 도박 문제에 대한 편지를 주고받은 파스칼이었다. 파스칼은 게임에 참여하는 사람들이 이길 확률이 모두 같은 경우에 대해서만 기댓값을 생각했는데 기댓값을 확률이 다른 경우로 일반화해서 생각하고 그것에 'expectation(라틴어로는 expectatio)'이라는 이름을 처음으로 붙인 사람이 하위헌스다.

정리 1

만일 내가 a 또는 b 중 하나를 기대하고, 그 둘 중 하나를 얻게 될 가능성이 서로 같다면, 나의 기댓값은 $\frac{(a+b)}{2}$ 라고 말해야 한다.

나는 이 규칙을 먼저 유도부터 한 다음 설명하겠다. 이를 위해 x를 내가 기대하는 것의 값이라고 하자. 그러면 내가 x를 가졌을 때 공평한 조건으로 게임을 해서 다시 그와 같은 기댓값이 나와야 한다. 게임에 참가하는 사람이 한 명 더 있으며 그와 내가 서로 x를 걸고 게임에서 이기는 사람이 진 사람에게 a를 주기로 약속했다고 하자. 이 게임은 공정하며 게임의 규칙에 따라 내가 a(내가 질 때) 또는 $2x-a$(내가 이길 때)를 받게 될 가능성은 같다. 내가 이길 때 $2x-a$가 되는 이유는 $2x$를 받아서 상대방에게 a를 주어야 하기 때문이다. 그런데 만일 $2x-a$가 b와 값이 같다면 내가 a 또는 b를 얻을 가능성은 같아진다. 이제 $2x-a=b$라고 두면 내가 기대하는 것의 값으로 $x=\frac{(a+b)}{2}$를 얻는다.

이 정리를 설명하는 것은 쉽다. 만일 내가 $\frac{(a+b)}{2}$를 갖고 있으면 같은 $\frac{(a+b)}{2}$를 내기에 걸 다른 사람과 짝을 이루어, 이기는 사람이 진 사람에게 a를 주기로 약속할 수 있다. 이 상황에서 나는 게임에 져서 a를 얻을 기대와 이겨서 b를 얻을(즉 이기면 $a+b$를 얻지만 상대에게 a를 줘야 하므로 b가 된다) 기대를 비슷하게 갖는다.

숫자로 설명하기 : 내가 3 또는 7을 받을 가능성이 같다고 할 때 정리 1에 따르면 내 기대는 5라는 값을 갖는다. 내가 5를 갖고 있을 때도 당연히 내 기댓값은 마찬가지로 5다. 왜냐하면 [페이지 5] 이기는 사람이 진 사람에게 3을 주기로 약속하고 나처럼 5를 내기에 걸 다른 사람과 게임을 하면 그 게임은 완전히 공정한 게임이 되며, 내가 패해서 3을 얻을 가능성과 이겨서 7(이기면 10을 얻지만 3을 상대에게 줘야 하므로)을 얻을 가능성이 같다는 것도 분명하기 때문이다.

정리 1에 대한 베르누이의 해설

논문의 저자(하위헌스)는 여기서 이 학문 전체의 기초가 되는 원리(the fundamental principle of the whole art)를 설명하고 있다. 그는 이 원리를 논문 서문의 마지막 부분에서 총괄적으로 설명했고 정리 1과 정리 2, 3에서 더 자세히 설명했다. 이 원리를 정확하게 이해하는 것이 매우 중요하기 때문에 나는 앞의 설명에 비해 좀 더 대중적이면서 보통 사람이 이해하는 데 더 적합하도록 설명해 보겠다. 내가 공리 또는 정의로 둘 것은 단지 이것뿐이다. 즉 누구나 어김없이 얻을 수 있는 바로 그만큼만을 기대할 것이며, 그렇지 않으면 그만큼만 기대하도록 알려야 한다.

정리 1과 관련해 누군가가 한 손에는 비슷한 동전 세 개 또는 a를, 다른 손에는 동전 일곱 개 또는 b를 숨기고 어떤 사람과 나에게 각각 한 손을 고르게 한 다음, 손에 든 것을 모두 나눠 준다고 해 보자. 이 경우 양쪽 손에 든 것, 즉 동전 열 개 또는 $a+b$가 두 사람이 어김없이, 또 당연히 얻을 금액의 합계다. 하지만 두 사람은 마땅히 각자 기대하는 바에 대해 동등한 권리를 가진다. 따라서 기대하는 것은 총합을 똑같이 둘로 나누어야 하므로 각자에게는 기대하는 것 전체의 절반, 즉 동전 다섯 개 또는 $\frac{(a+b)}{2}$가 할당되어야 한다.

따름정리. 이로부터 만일 나눠 주는 사람이 한쪽 손에는 a를 감추고 있지만 다른 쪽 손에는 아무것도 갖고 있지 않다면 각자의 기댓값 또는 기대하는 절반, 즉 $\frac{a}{2}$가 될 것이다.

주 : 여기에 쓴 것으로 볼 때 우리가 '기대'라는 단어를 통상적인 의미로 쓰고 있지 않음을 알 수 있을 것이다. 사람들은 더 나쁜 일이 일어날 수 있는 경우라 하더라도 모든 것 가운데 가장 최선의 것을 기대하거나 바란다고 우리에게 말한다. 이 글에서 우리가 '기대'라고 할 때는 최선을 얻으려는 희망이 더 나쁜 것을 얻게 될지도 모른다는 두려움과 섞여 희석된 정도를 감안한 것이다. 따라서 기대하는 것의 '값'이란 언제나, 우리가 바라는 최선의 것과 우리가 두려워하는 최악의 것 사이의 어떤 것을 뜻한다. 이 용어에 대해서는 여기서, 그리고 이어지는 내용에서도 계속 이와 같이 이해해야 한다. [페이지 6]

정리 2

내가 만일 a 또는 b 또는 c를 바라고 그것들을 얻을 가능성이 서로 다 같다면, 내가 기대하는 것의 값은 $\frac{(a+b+c)}{3}$이 되어야 한다.

이를 보이기 위해 내가 기대하는 것의 값이 x와 같다고 두자. 앞에서와 같이 만일 내가 x를 가졌다면 공정한 게임에서 기대하는 것이 x가 됨을 보일 수 있을 것이다. 내가 두 사람과 함께 하는 게임이 있다고 하자. 우리들 각자는 x만큼 건다. 내가 두 사람 중 한 사람과 약속하기를, 만일 그가 이기면 나에게 b를 주고 만일 내가 이기면 그에게 b를 주기로 한다. 한편 나머지 한 사람과는 그가 이기면 나에게 c를 주고 내가 이기면 그에게 c를 주기로 약속한다. 이 게임이 공정하다는 것은 분명하다. 그리고 첫 번째 상대가 이기면 내가 b를 얻고 두 번째 상대가 이기면 c를 얻으며, 내가 이기면 $3x-b-c$를 얻을 가능성은 모두 같다(내가 이길 경우 $3x$를 받아서 한 사람에게는 b, 다른 한 사람에게는 c를 주므로 $3x-b-c$를 얻는다). 따라서 $3x-b-c$가 a와 같다면 내가 a를 얻을 기대는 b나 c를 얻을 기대와 같다.

이제 $3x-b-c=a$라 두면 $x=\frac{(a+b+c)}{3}$가 내가 기대하는 것의 값이 된다. 같은 방법으로 만일 내가 a, b, c 또는 d를 얻을 가능성이 서로 같다면 내가 기대하는 것의 값은 $\frac{(a+b+c+d)}{4}$가 되며 그 이상일 때도 마찬가지 방법으로 구할 수 있다.

정리 2에 대한 베르누이의 해설

위의 정리를 증명하는 다른 방법이 있다. 상자가 셋 있는데 첫째 상자 속에는 a, 둘째 상자 안에는 b, 셋째 상자 안에는 c가 숨겨져 있다고 하자. 나, 그리고 다른 두 사람이 상자 하나씩을 택해 그 속에 든 것을 가진다. 이렇게 하면 우리 세 사람이 받는 상자는 세 개 모두이며 우리 세 사람이 받는 것이 상자 속에 든 모든 것, 즉 $a+b+c$가 된다. 세 사람 가운데 누구도 다른 사람보다 더 큰 기대나 바람을 가졌다고 할 수 없기 때문에 각자는 그 합계의 $\frac{1}{3}$씩, 즉 $\frac{(a+b+c)}{3}$에 해당하는 기대를 갖는다. 같은 [페이지 7] 방법으로 a, b, c, d가 숨겨져 있는 네 상자가 있고 내가 하나를 받는다면 나의 기대는 총합의 $\frac{1}{4}$, 즉 $\frac{(a+b+c+d)}{4}$와 같아야 한다. 또 만일 상자가 다섯이라면 내 기대는 $\frac{(a+b+c+d+e)}{5}$가 되고 다른 경우도 마찬가지 방법으로 구한다.

따름정리. 하나 또는 그 이상의 상자가 비었다면 나의 기대는 나머지 상자들만 가지고 구하면 될 것이다. 나머지 상자가 셋이면 3분의 1, 넷이면 4분의 1, 다섯이면 5분의 1 등등으로 구할 수 있다.

정리 3

내가 a라는 결과를 얻을 경우의 수가 p이고, b라는 결과를 얻을 경우의 수가 q이며, 각 경우가 나오기 쉬운 정도가 모두 같다면, 내 기댓값의 가치는 $\frac{(pa+qb)}{(p+q)}$가 될 것이다.[5)]

이 규칙을 유도하기 위해 기댓값을 x라고 두자. 내가 x를 갖고 있다면 앞서와 마찬가지로 공정한 게임에서 그와 같은 기댓값을 얻어야 할 것이다. 이를 위해, 나를 포함한 $p+q$명처럼 여러 사람이 참가하는 게임을 생각해 보자. 각자가 x를 걸었다면 내기에 건 돈의 총합계는 $px+qx$가 되고 이길 기댓값이 누구나 같은 상태에서 게임을 한다. 나는 q명의 사람과 별도로 계약을 맺어서 그들 중 누가 이기면 나에게 b를 주고 내가 이기면 마찬가지로

---

5) 하위헌스의 전체 글에서 핵심적인 키워드는 우연에 따른 게임에서 갖는 '기댓값'이다. 정리 1부터 3까지가 그 기댓값을 구하기 위한 기본 이론인데 그 가운데서도 정리 3이 가장 중요하다. 정리 3 다음에 나오는 정리 4부터 14까지는 기본적으로 정리 3을 여러 가지 문제에 응용한 것이라고 할 수 있다. 여기서는 $p+q$가지 경우 각각이 나오기 쉬운 정도가 모두 동일하므로(happen equally easily), a와 b가 나올 비는 $p:q$다.

그들 모두에게 b를 주기로 했다. 비슷하게 나머지 $p-1$명과는 별도로 계약을 해서 그들 중 누가 이기면 나에게 a를 주고 내가 이기면 그들 모두에게 같은 액수를 주기로 했다. 이러한 조건에서 진행하는 게임은 명백히 공정하며 아무도 손해를 보지 않는다. 그리고 내가 b를 얻을 경우는 q이고, a를 얻을 경우는 $p-1$이며, $px+qx-bq-ap+a$를 얻을 경우는 단 하나(즉 내가 이길 때)라는 것도 명백하다. 내가 이길 경우, 내기에 건 돈의 총합계 $px+qx$ 가운데 q명에게는 각각 b를 줘야 하고 $p-1$명에게는 각각 a를 줘야 하기 때문에 내가 지불할 총액은 $bq+ap-a$다. 따라서 만일 $px+qx-bq-ap+a$가 a와 같으면 내가 a를 얻는 경우는 (a를 얻는 경우가 이미 $p-1$이었으므로 [페이지 8]) 모두 p이고, b를 얻는 경우는 q가 될 것이기 때문에 앞과 같은 기댓값을 얻게 될 것이다. 그러므로 $px+qx-bq-ap+a=a$에서 구한 $x=\dfrac{(pa+qb)}{(p+q)}$는 내가 처음에 제시했던 것처럼 나의 기댓값이 된다.

숫자로 설명하기 : 이 규칙에 따르면 내가 13을 얻을 경우가 3, 8을 얻을 경우가 2라면 내 기댓값은 11에 해당한다. 그리고 내가 11을 가졌으면 내 기댓값도 다시 그와 같

음을 쉽게 보일 수 있다. 즉 내가 네 사람과 게임을 하는데 우리 다섯 사람이 각자 11씩 걸었다고 하자. 내가 그중 두 사람과는 그들이 이기면 나에게 8을 주고 내가 이기면 그들에게 8을 주기로 약속했다. 비슷하게, 나는 다른 두 사람과 약속하기를, 그들이 이기면 나에게 13을 주고 내가 이기면 그들에게 역시 13을 주기로 했다. 이 게임은 참으로 공정하다. 이 게임에서 나는 8을 주기로 나와 약속한 두 사람 중 하나가 이기면 분명히 8을 얻을 경우는 둘이 된다. 또한 13을 주기로 나와 약속한 두 사람 중 하나가 이기거나 내가 이길 경우 13을 얻을 경우는 셋이 된다. 내가 이길 경우 내가 얻는 것이 13이 되는 이유는 내기에 건 돈의 총합이 55인데 여기서 두 사람에게 13씩, 다른 두 사람에게 8씩 주고 나면 나에게 13이 남기 때문이다.

정리 3에 대한 베르누이의 해설

다른 방법. 나를 포함하여 게임에 참가하는 사람 수가 게임에서 나오는 경우의 수, 즉 $p+q$와 같으며, 한 사람에게 한 경우만 일어난다고 해 보자. 예를 들어 상자가 $p+q$개 있는데 상자 안에는 그 경우에 얻을 수 있는 금액(상자 p개에는 a씩, 상자 q개에는 b씩)이 숨겨져 있다고 생각해 볼 수 있다. 만일 모든 사람이 상자를 하나씩 받으면, 모든 사람이 받는 상자 속 액수는 모두 $pa+qb$다. 그러므로 모든 사람이 같은 기댓값을 가지므로 그들이 얻을 액수는 총액을 사람 수 또는 게임에서 나오는 경우의 수로 나눈 값이므로 각자의 기댓값은 $\frac{(pa+qb)}{(p+q)}$가 된다. 마찬가지로 내가 p가지 경우에는 a, q가지 경우에는 b, r가지 경우에는 c를 얻는다면 내 기댓값은 $\frac{(pa+qb+rc)}{(p+q+r)}$임을 보일 수 있을 것이다. [페이지 9]

따름정리 1. 이로부터, 만약 내가 p가지 경우에는 a, q가지 경우에는 아무것도 얻지 못한다면, 내 기댓값이 $\frac{pa}{(p+q)}$임은 분명하다.

따름정리 2. 또한 만약 경우의 수가 공약수를 갖는다면 기댓값은 더 간단히 나타낼 수 있을 것이다. 내가 mp가지 경우에는 a, mq가지 경우에는 b를 얻는다면 내 기댓값은 $\frac{(mpa+mqb)}{(mp+mq)}$인데, 분모와 분자를 m으로 나누면 $\frac{(pa+qb)}{(p+q)}$가 된다.

따름정리 3. 내가 a를 얻을 경우가 p가지, b를 얻을 경우가 q가지, c를 얻을 경우가 r가지라면, 이는 p가지와 q가지가 결합된 $\frac{(pa+qb)}{(p+q)}$를 얻을 경우가 $p+q$가지이고 c를 얻을 경우가 r가지일 때와 같은 값을 갖는다. 어느 쪽이든, 규칙에 따라 내 기댓값은 $\frac{(pa+qb+rc)}{(p+q+r)}$이 된다.

따름정리 4. 내가 a를 얻을 경우가 p가지, b를 얻을 경우가 q가지이며, 지금 상태 또는 처음 내 기댓값 그대로 머물 경우가 r가지라고 해 보자. 그러면 기댓값은 $\frac{(pa+qb)}{(p+q)}$가 되는데, 이는 r가지 경우가 하나도 없을 때와 꼭 같다. 그 이유는 다음과 같다. 내 기댓값을 x라고 하면 가정에 따라 내가 a를 얻을 경우가 p가지, b를 얻을 경우가 q가지, x를 얻는 경우가 r가지이므로, 규칙에 따라 내 기댓값은 $\frac{(pa+qb+rx)}{(p+q+r)}$가 된다. 그런데 바로 이것을 x라고 했으므로 $x=\frac{(pa+qb+rx)}{(p+q+r)}$가 되는데 우변의 분모를 양변에 곱하면 $px+qx+rx=pa+qb+rx$가 된다. 이제 양변에서 rx를 빼면 $px+qx=pa+qb$가 되므로 $x=\frac{(pa+qb)}{(p+q)}$다.

따름정리 5. 내가 a를 얻을 경우가 p가지 있는데, 그 a의 절반은 내가 낸 것이다. 또한 내가 아무것도 얻지 못하는 경우들이 q가지다. 그렇다면 내가 기대하는 것으로 정리 1에서 구한 $\frac{pa}{(p+q)}$는 내가 얻을 순이익이나 순손실이 아니라 내기에 걸린 총합 중에서 내가 얻을 몫을 나타낸다. 만일 순이익이나 순손실로 본다면 나는 a를 얻는 것이 아니라 $\frac{a}{2}$를 얻는 것이다. 또 그 식에서 아무것도 얻지 못하는 대신 $\frac{a}{2}$를 잃는, 즉 $-\frac{a}{2}$를 얻는 것이다. 이렇게 생각하면 나의 기댓값은 다음과 같아진다.

$$\frac{p(\frac{a}{2})+q(-\frac{a}{2})}{p+q}=\frac{(p-q)(\frac{a}{2})}{p+q}$$

이 식은 p가 q보다 크면 이익을, q가 p보다 크면 손실을 나타낸다. [페이지 10]

따름정리 6. 내가 a를 얻을 경우가 p가지, b를 얻을 경우가 q가지인데, a와 b에는 내가 낸 돈이 들어 있지 않다. 대신 나는 주사위 던지는 데 돈을 n만큼 내야 한다고 해 보자. 이때도 역시 기댓값인 $\frac{(pa+qb)}{(p+q)}$가 내가 얻을 이익이라고 생각하면 안 된다. 대신 나의 이익은 먼저 그 식에서 n만큼 줄어든다. 즉 만일 내가 다른 사람에게 n을 주고 그는 나에게 a 또는 b를 준다면 이는 내가 아무것도 주지 않고 단지 $a-n$ 또는 $b-n$만 받는 것과 같다. 이렇게 하면 내 기댓값은 다음과 같이 된다.

$$\frac{p(a-n)+q(b-n)}{p+q}=\frac{pa+qb}{p+q}-n$$

앞에서처럼 이 식은 양수 부분이 큰지 음수 부분이 큰지에 따라 이익 또는 손실을 나타낸다.

주 : 조금 더 생각해 보면 이 계산은 확실히 '섞임(mixtures)'이라고 불리는 산술 규칙과 매우 비슷하다. 그 규칙은 가격이 다양한 것들이 정해진 양만큼씩 섞인 것의 가격을 찾을 때 따르는 규칙이다. 사실 두 계산법은 명백히 똑같다. 각 구성 요소들의 양과 가격을 곱한 것을 합친 다음 모든 성분들의 합으로 나누면 원하는 가격이 나오며 그 가격은 항상 최고가와 최저가의 중간에 있듯이, 경우의 수와 그 경우에 얻게 되는 액수를 곱하고 모든 경우의 수를 합한 것으로 나누어 주면 기대하는 것의 값이 나온다.

따라서 섞인 것의 가격을 구할 때 양과 가격을 나타내는 숫자들이 기대하는 것의 값을 구할 때 경우의 수와 각 경우에 얻는 액수를 나타내는 수와 같다면, 섞인 것의 가격과 기대하는 것의 값도 또한 같아질 것이다. 예를 들어 파인트당 가격이 13인 포도주 3파인트와 파인트당 가격이 8인 포도주 2파인트를 섞었다고 해 보자. 3과 13을 곱하고 2와 8을 곱하면 총액 55가 되는데 이를 전체량 5파인트로 나누면 섞인 포도주의 파인트당 가격 11을 얻는다. 이 계산은 13을 받는 경우가 3, 8을 받는 경우가 2인 사람이 기대하는 것의 값을 구하는 것과 같다. [페이지 11]

정리 4

이제 세 번을 먼저 이겨야 판돈을 차지하기로 나와 상대방이 약속했다고 해 보자. 또 이미 내가 두 번, 그리고 상대방이 한 번 이겼다고 하자. 그런데 우리가 더 이상 게임을 계속하지 않고 판돈을 공정하게 나누고 싶어 한다면 내가 받아야 할 돈이 얼마인지 알고 싶다. '여러 사람의 기댓값이 다를 때 판돈을 어떻게 나눌 것인가'라는 문제의 답을 찾기 위해 더 쉬운 것에서 시작해야 한다.

먼저 두 사람 각자가 최종 승리하는 데 부족한 게임 수를 알아야 한다. [아래에 있는 베르누이의 해설 A를 보라] 예를 들어 먼저 스무 번 이기는 사람이 판돈을 가지기로 약속했는데 내가 열아홉 번, 상대방이 열여덟 번 이겼다면 당연히 앞 문제처럼 내가 두 번 이기고 상대방이 한 번 이겼을 때와 마찬가지 정도로 내가 유리하다. 어느 경우든 판돈을 차지하려면 나는 한 번, 상대방은 두 번 더 이겨야 하기 때문이다.

다음으로 판돈을 두 사람에게 어떻게 나누어야 할지 알기 위해서는, 만일 게임을 계속했다면 어떻게 될지 생각해 보아야만 한다. 만일 내가 다음 게임을 이긴다면 당연히 나는 승리하는 데 필요한 마지막 한 게임을 채웠으므로 내가 a라는 기호로 나타낼 전체 판돈을 다 차지하게 될 것이다. [아래에 있는 베르누이의 해설 B를 보라] 하지만 만일 상대방이 이긴다면 (둘 다 한 게임만 남기게 되므로) 우리 두 사람의 기댓값은 같아질 것이고 각자 $\frac{a}{2}$씩 자격을 갖게 될 것이다. 정리 1에 따라 내 기댓값은 두 가지 상황에서 내가 갖는 기댓값의 절반씩에 해당하므로 결국 $\frac{3a}{4}$가 되고 상대방의 기댓값은 $\frac{a}{4}$가 남는다. [아래에 있는 베르누이의 해설 C를 보라] (처음부터 바로 같은 방법을 따르더라도 상대방의 기댓값을 구할 수 있다. [아래에 있는 베르누이의 해설 D를 보라]) 그렇다면 확실히 게임을 중단한 시점에 나를 대신해서 게임에 참가할 사람은 나에게 $\frac{3a}{4}$를 주어야 한다. 같은 방법으로 상대방이 두 번 이기기 전에 한 번 이기려 하는 사람은 항상 승산이 3:1이다. [아래에 있는 베르누이의 해설 E를 보라] [페이지 12].

정리 4에 대한 베르누이의 해설

A. [**각자가 최종 승리하는 데 부족한 게임 수를 알아야 한다.**] 보통 미래의 결과에 모든 것이 달려 있는 게임에서 기댓값을 계산할 때는 과거 게임에 대해서는 생각하지 말아

야 한다. 지금까지 게임에서 우세했던 사람이 앞으로 새로운 게임에서 우세할 확률은 지금까지 가장 불운했던 사람이 우세할 확률보다 전혀 크지 않다.[6] 나는, 운이라는 것을 무슨 습성처럼 여긴 결과 한동안 어떤 사람이 운이 좋으면 마치 비슷한 행운이 그에게 계속 찾아온다고 기대할 권리라도 있는 듯 생각하는 어리석은 의견에 반대한다.

B. [**내가 a라는 기호로 나타낼 전체 판돈을 다 차지하게 될 것이다.**] 우리는 그들의 기댓값에 비례해서 게임 참가자들에게 나눠 줄 판돈을 나타내기 위해 저자 하위헌스가 그랬듯이 a라는 문자를 쓸 수 있다. 하지만 이 책의 마지막 제4부에서 보이겠지만, 이러한 문자는 보다 일반적으로 어떤 것을 표시하기 위해서도 쓸 수 있을 것이다. 설사 그것이 원래는 나눌 수 없는 것이라 할지라도 얻고 잃을 수 있는 경우의 수, 일어나고 일어나지 않을 경우의 수에 따라 나눠진다고 생각할 것이다. 이처럼 개념상으로 나눌 수 있는 것들은 어떤 보상이나 승리, 사람이나 사물의 지

---

6) 베르누이가 이 책의 제4부를 제외한 곳에서 '확률'이라는 단어를 쓴 것은 여기뿐이다. 사실 제4부에서 베르누이는 확률이라는 것을 처음으로 정의한다. 그리고 하위헌스는 확률이라는 단어를 단 한 번도 쓰지 않았다. 또한 파스칼과 페르마 역시 이 단어를 쓰지 않았다.

위 또는 조건, 공직, 수행한 일, 생과 사 등등이 있다. 따라서 두 죄인에게 왕자가 한 사람만 살려 줄 것이니 겨뤄 보라고 했다면 정리 1에 따라 각자는 삶을 $\frac{1}{2}$, 죽음을 $\frac{1}{2}$ 가졌다고 할 것이다. 이처럼 말 그대로의 의미로도 어떤 사람이 반은 살았고 반은 죽었다고 할 수 있다.[7)]

C. [**상대방의 기댓값은 $\frac{a}{4}$ 가 남는다.**] 다른 말로는 판돈 a 가운데 내가 얻은 돈의 나머지가 상대방에게 돌아간다는 말이다. 그 이유는 만일 그들이 그 게임을 끝까지 한다면 두 사람을 합쳐서 틀림없이 총액 a를 얻을 것이기 때문이다. 하지만 두 사람을 합쳐서 받는 금액이 a를 초과하거나 a에 미달하는 경우가 생길 수 있다면 한 사람의 기댓값과 다른 사람의 기댓값을 합친 금액이 a와 달라진다. 예를 들어 만일 교수형을 당할 두 사람이 주사위를 던져서 작은 숫자가 나온 사람은 교수형을 당하고 다른 한 사람은 살려 두며, 만일 같은 눈이 나오면 두 사람 다 살려 두기로 한다면, 나중에 우리가 보듯이, 각자의 기댓값은 $\frac{7a}{12}$, 또는

7) 베르누이는 여기에서 하위헌스의 기댓값을 돈이 아닌 여러 가지로 확장했다.

$\frac{7}{12}$의 생존이 된다. 어떤 사람의 기댓값은 $\frac{7}{12}$의 생존이고 상대방의 기댓값은 $\frac{5}{12}$의 생존밖에 되지 않는 일은 없다. 게다가 여기서 둘의 기댓값은 완전히 똑같으므로 상대방의 기댓값 또한 $\frac{7}{12}$의 생존이 될 것이므로 둘의 기댓값을 합하면 $\frac{7}{6}$의 생존이 되어 [페이지 13] 생존의 1배를 넘게 된다. 그렇게 된 이유는 둘 다 살 수 있는 경우는 있지만 아무도 살아남지 못하는 경우는 없기 때문이다.

D. [**바로 같은 방법을 따르더라도 상대방의 기댓값을 구할 수 있다.**] 다음과 같이 생각하면 된다. 다음 게임에서 상대방이 이기면 우리의 기댓값은 $\frac{a}{2}$로 같아진다. 하지만 내가 이기면 그는 아무것도 얻지 못한다. 따라서 그가 $\frac{a}{2}$를 얻거나 아무것도 얻지 못할 가능성은 꼭 같으므로 정리 3의 따름정리 1에 따라 그의 기댓값은 $\frac{a}{4}$라고 해야 한다.

E. [**같은 방법으로 상대방이 두 번 이기기 전에 한 번 이기려 하는 사람은 항상 승산이 3:1이다.**] 어떤 사람이 이길 경우가 세 가지이고 질 경우가 한 가지이거나, 판돈의 $\frac{3}{4}$을

기대한다면 그는 상대방보다 세 배를 낼 수 있음을 보여야 한다. 그러기 위해 우리는 단지 그가 세 사람을 대신한다고 가정하기만 하면 된다. 네 사람이 같은 기댓값을 갖고 1씩 냈다면 정리 3의 따름정리 1에 따라 각자는 그가 낸 만큼, 즉 판돈 총액의 $\frac{1}{4}$만큼씩 기대할 것이다. 또 넷 중 셋을 합하면 총액의 $\frac{3}{4}$을 기대하고 나머지 한 사람은 단지 $\frac{1}{4}$을 기대할 것이다. 하지만 그 세 사람은 합쳐서 3을 냈고 나머지 한 사람은 단지 1만 냈으므로 이 결과는 완전히 공정하다. 그리고 세 사람을 대신하거나 나머지 한 사람의 세 배 기댓값을 원하는 사람은 한 사람이 내는 돈의 세 배를 내야 한다. 다른 방법으로는, 이길 경우가 셋, 질 경우가 하나인 사람은 상대방이 단지 한 번 이길 때 그 세 배를 이긴다. 이 때문에 이 게임이 공정하려면 그가 상대방보다 세 배의 이득을 얻기 위해서는 상대방의 세 배를 내야 한다. 다른 사람보다 이길 기댓값이 큰 사람은 그만큼 더 많이 내야 하는 것이다.

정리 14

[페이지 47] 만일 주사위 두 개를 가지고 어떤 사람과 게임을 하는데, 두 주사위를 서로 번갈아 던진 결과 눈의 합이 7이 되면 내가, 6이 되면 상대방이 이긴다고 하자. 상대방이 먼저 던지기로 했다면 기댓값의 비는 얼마일까?

게임에 건 돈은 모두 a이고 내 기댓값이 x라면 상대방의 기댓값은 $a-x$가 될 것이다. 상대가 던질 차례가 될 때마다 내 기댓값은 다시 x가 되어야 한다. 그리고 내가 던질 차례가 될 때마다 내 기댓값이 더 커야 마땅한데 이것을 y라고 두자. 이제 주사위 두 개를 던져서 나오는 36가지 결과 가운데 상대방이 이기게 되는 6은 다섯 번 있고 그렇지 않은 결과, 즉 나에게 던질 순서가 돌아오게 되는 경우가 31가지다. 그가 던지기 전에 나로서는 0을 얻게 될 경우가 5, y를 얻게 될 경우가 31가지이므로 정리 3에 따라 그 기댓값은 $\frac{31y}{36}$가 된다. 그런데 앞에서 우리는 내 기댓값이 x라고 했기 때문에 $\frac{31y}{36}=x$에서 $y=\frac{36x}{31}$가 된다. 다음으로 내가 던질 순서에 내 기댓값은 y라고 두었는데 주사위 두 눈의 합이 7이 되는 경우가 여섯 가지이므로 내

순서에 a를 얻을 경우가 여섯 가지다. 또한 상대에게 순서가 넘어갈 경우가 30가지인데 이 경우 내 기댓값은 x다. 정리 3에 따라 그 값은 $\frac{(6a+30x)}{36}$가 된다. 그런데 이 값은 y와 같으므로 앞에서 구한 $y=\frac{36x}{31}$에서 $\frac{(6a+30x)}{36}=\frac{36x}{31}$가 된다. 따라서 내 기댓값은 $x=\frac{31a}{61}$, 상대방의 기댓값은 $\frac{30a}{61}$가 되어 그 비는 31:30이 된다.

정리 14에 대한 베르누이의 해설

하위헌스는 지금까지 결합하는 방법(synthesis)만을 썼던 데 반해 이 문제에서는 처음으로 대수학적인 분석을 [페이지 48] 써야만 했다. 그 차이는 다음과 같다. 앞에서 나온 정리들에서는 어떤 기댓값을 구하려 할 때 모든 기댓값의 합을 알거나 합이 주어져 있었다. 합을 모르면 합이 자연적으로 미리 나오고 더 단순했다. 즉 구해야 할 기댓값을 몰라도 합을 알 수 있었던 것이다. 그 때문에 맨 처음 그들 중 가장 단순한 것의 도움으로 시작하여 아무런 분석 없이 조금씩 더 복잡한 경우들을 풀 수 있었다. 그러나 지금은 다르다. 내가 던질 순서가 되었을 때 내가 얻을 기댓값을 안다고 간주하지 않는 한, 하위헌스가 통상 쓰던 방법으로 상대가 던질 순서에 내가 기대하는 것을 추정할 수 없기 때문이다. 다른 한편으로 또한 나는 상대가 던질 순서에 내가 기대하는 것, 즉 내가 알아내려 하던 바로 그것을 이미 안다고 가정하지 않고서는 내가 던질 순서가 되었을 때 내가 얻을 기댓값을 알아낼 수 없다. 따라서 양쪽 기댓값을 모두 알지 못하는 데다가 각 기댓값이 다른 기댓값에 의존하므로 분석의 도움을 받아 서로 한 기댓값에서 다른 기댓값들을 유도해 내는 방법 말고 하위헌스의 자취를 따라가서는 기댓값들을 알 수 없다. 이것은 중요한 것이므로 확실한 예를 통해 이 두 방법 사이의 차이와 언제 어떤 방법을 쓸지 분간하는 것을 분명하게 알아보자.

나는 바로 앞에서 "하위헌스의 자취를 따라"가서는 이 문제를 풀 수 없다고 말했다. 그 이유는 대수학적 분석까지는 가지 않고 이 문제를 푸는 다른 특수한 방법을 내가 갖고 있기 때문이다. 그리고 이 방법은 다음과 같은 문제에도 통상적으로 적용될 수 있을 것이다. 게임 참가자가 둘이 아니라 가상적으로 무한히 많다고 하고 한 사람 한 사람 순서대로 한 번씩만 주사위 두 개를 던질 수 있다고 하자. 그리고 던지는 순서가 홀수 번째인 사람들 중 처음으로 6을 던지거나 짝수 번째인 사람 중 처음으로 7을 던지는 사람이 승자가 되어 판돈을 모두 차지한다고 해 보자. 그러면 처음 두 사람이 던져서 두 번째 사람만이 성공했을 때 두 번째 사람이 승자가 된다. 또 처음 세 사람이 던져서 세 번째 사람만이 성공했을 때 세 번째 사람이 승자가 된다. 처음 네 사람이 던져서 단지 네 번째 사람만이 성공한다면 네 번째 사람이 승자가 되고 그 뒤에도 마찬가지다. 주사위 두 개로 6이 나오는 경우의 수 5를 b로 표시하고 그렇지 않은 경우의 수 31을 c로 표시하자. 또한 주사위 두 개로 7이 나오는 경우의 수 6을 e로, 그렇지 않은 경우의 수 30을 f로 표시하자. 그리고 $b+c$, 또는 $e+f$를 a로 표시하자. 그러면 정리 12에 붙인 해설의 마지막에 있는 규칙[8]에 따라 각 개인의 기댓값이 다음과 같다. [페이지 49]

이제 1, 3, 5 등 모든 홀수 번째 자리를 나의 상대가 될

---

8) 하위헌스의 정리 12는 두 사람이 주사위 하나를 일정한 횟수만큼 던져서 6이 두 번 나오면 이기는 게임을 할 때의 기댓값을 구하는 내용이다. 베르누이는 그 정리를 보다 더 일반화하는 매우 긴 해설을 붙였는데, 그 마지막(Sylla, p. 170, collorary 1) 부분에서 게임을 n번 할 때 그 중 정확히 m 번째 게임까지는 유리한 경우가 나오고 나머지 $n-m$ 게임에서는 불리한 경우가 나와야 승리한다면 그 기댓값은 $\frac{b^m c^n}{a^n}$이라는 결과를 유도했다. 본문의 표는 이 식을 6이 나오고 안 나오고, 그리고 7이 나오고 안 나오는 경우 각각에 적용하면 얻을 수 있다. 가령 세 번째 사람이 승리하려면 처음에 6이 안 나오고 두 번째에 7이 안 나오고 세 번째에 6이 나와야 하므로 그 기댓값은 $\frac{c^1 f^1 b^1}{a^3}$이 된다.

사람	I	II	III	IV	V
기댓값	$\frac{b}{a}$	$\frac{ce}{aa}$	$\frac{bcf}{a^3}$	$\frac{ccef}{a^4}$	$\frac{bccff}{a^5}$
사람	VI	VII	VIII	…	
기댓값	$\frac{c^3eff}{a^6}$	$\frac{bc^3f^3}{a^7}$	$\frac{c^4ef^3}{a^8}$	…	

한 사람으로 대체하고 나 자신은 2, 4, 6 등 모든 짝수 번째 자리에 들어가면 정리 14의 문제와 같아진다. 게다가 게임 참가자 두 사람의 기댓값 역시 각자가 들어간 자리에 해당하는 기댓값들의 합과 같아야 한다. 따라서 나의 기댓값은 $\frac{ce}{aa}+\frac{ccef}{a^4}+\frac{c^3eff}{a^6}+\frac{c^4ef^3}{a^8}+\cdots$로 표현되고 상대방의 기댓값은 $\frac{b}{a}+\frac{bcf}{a^3}+\frac{bccff}{a^5}+\frac{bc^3f^3}{a^7}+\cdots$로 표현된다. 이 둘은 모두 등비가 $\frac{cf}{aa}$인 무한 등비급수이므로 나의 기댓값은 $\frac{ce}{(aa-cf)}$, 상대방의 기댓값은 $\frac{ab}{(aa-cf)}$가 된다. 따라서 나와 상대방 기댓값의 비는 $ce:ab$가 되고 a, b, c, e 문자에 각각 숫자를 대입하면 그 비는 31:30이 되어 하위헌스가 구한 것과 똑같은 결과가 나온다.

하위헌스의 문제 5 [9)]

[페이지 67] A, B 두 사람이 동전을 12개씩 갖는다. 주사위 세 개를 던져서 만일 그 합이 11이 나오면 A가 동전 하나를 B에게 주고, 14가 나오면 B가 동전 하나를 A에게 주기로 한다. 먼저 모든 동전을 다 갖는 사람이 게임의 승자가 된다. A와 B가 승자가 될 기회는 그 비가 244,140,625:282,429, 536,481이다.

베르누이의 풀이

첫째, 주사위 세 개를 던지면 서로 다른 결과가 총 216가지 나온다는 것부터 생각해야 한다. 그 가운데 14점을 던질 경우가 15가지, 11점을 던질 경우가 27가지이므로 A

9) 여기서 다루는 것은 보통 '도박사의 파산(Gambler's ruin)' 문제라고도 불리고 '도박의 지속 기간(Duration of Play)' 문제라고도 불린다. 이 문제는 1656년 파스칼이 페르마에게 보낸 편지에 들어 있던 것으로서 수학자인 카르카비(Pierre de Carcavi)가 하위헌스에게 알려 준 것이 여기에 5번 문제로 실리게 되었다. 이 문제에 대한 여러 가지 풀이 등에 대해서는 다음 책을 참조하라. Edwards, PAT, pp. 157~166; R. Epstein, 《The Theory of Gambling and Statistical Logic》 (Academic Press, 1995).

가 B에게 동전 한 개를 받을 경우가 15가지이고 B가 A에게 동전 한 개를 받을 경우가 27가지다. 나머지 174가지 경우에는 두 사람이 가진 동전을 그대로 유지하므로 이기고 질 기회도 변함없다.

둘째, 동전을 주고받지 않아서 두 사람이 이기고 질 기회에 아무 변화가 생기지 않는 174가지 경우는 정리 3의 따름정리 4에 따라 무시할 수 있음을 알아야 한다. 그 경우들은 마치 없는 것과 마찬가지고 동전을 세 개 던지면 단지 A가 동전을 한 개 더 얻게 되는 15가지 경우와 B가 동전을 한 개 더 얻게 되는 27가지 경우를 합친 42가지 결과만 나오는 것과 같다.

셋째, 정리 3의 따름정리 2에 따라 42, 15, 27이라는 경우의 수들이 공통약수를 가지므로 이들을 [페이지 68] 14, 5, 9로 바꿀 수 있다는 것도 생각해야 한다. 하지만 조금 더 일반적인 풀이를 위해 숫자 대신 문자를 써서 이들을 a, b, c로 나타내자.

이러한 사실을 염두에 두고 두 사람이 동전을 한 개씩 가지고 게임을 시작할 때, 두 개씩 가지고 시작할 때, 세 개, 네 개를 가지고 게임을 시작하는 경우 등을 순서대로 생각하여 동전을 열두 개씩 가지고 게임을 시작할 경우에 각자가 이길 기회가 얼마일지 귀납적으로 확실히 알아보자.

만일 각자가 동전을 한 개씩 가지고 시작한다면 각자가 이길 기회의 비는 숫자 b와 c의 비와 같다.

만약 동전이 두 개라면 첫 번째 시행 후 A는 동전 세 개를 가지거나 한 개를 가진다. 그가 세 개를 가진다면, 그가 동전 네 개를 가질 경우가 b가지 경우인데, 이때 그는 승리하여 판돈을 다 차지한다. 또 그가 다시 동전 두 개로 돌아갈 경우, 즉 그의 기댓값이 원래 상태(이것을 z라 하자)가 되는 경우도 c가지다. 이 둘의 가치는 $\frac{(b+cz)}{a}$다.[10] 만일 A의 동전이 한 개가 되었다면 동전 두 개가 될 경우, 즉 기댓값이 z가 될 경우가 b이고 게임에서 질 경우가 c가지다. 이를 합치면 가치가 $\frac{bz}{a}$다. 그리고 처음 던지고 나서 동전 세 개를 가질 경우가 b가지, 동전 한 개만 가질 경우가 c가지이므로 처음에 그가 $\frac{(b+cz)}{a}$가 될 경우가 b가지, $\frac{bz}{a}$가 될 경우가 c가지다. 그러므로 합치면 그의 기댓값은 $\frac{(bb+bcz)}{aa}$이므로 결국 $z=\frac{(bb+2bcz)}{aa}$, 또는

10) 이겨서 차지하는 판돈을 1로 간주하므로 $\frac{(1\cdot b+z\cdot c)}{a}=\frac{(b+zc)}{a}$다.

$z=\frac{bb}{(aa-2bc)}=\frac{bb}{(bb+cc)}$다.[11] 그리고 B의 기댓값은 $\frac{cc}{(bb+cc)}$이므로 두 사람의 기댓값 비는 $bb:cc$다.

만일 두 사람이 동전을 세 개씩 가지고 시작한다면[12] 처음 던진 후 A는 동전을 네 개를 갖거나 두 개를 갖는다. 두 가지 경우 A의 기댓값을 x와 y라고 하자. 만일 그가 동전 네 개를 가졌다면 그가 동전 두 개를 먼저 얻어서 이기거나, 상대방이 동전 두 개를 얻어서 [페이지 69] 그에게 동전이 두 개 남을 것이다. 그러나 (정리 11에 붙인 해설 I[13]과 더불어 보인 것에서 알 수 있듯) 그가 다음 동전 두

---

11) $b+c=a$이므로 $aa-2bc=(b+c)^2-2bc=bb+2bc+cc-2bc=bb+cc$다.

12) 여기서 두 사람이 동전을 세 개씩 가지고 시작하는 게임은 동전을 모두 따는 사람이 나올 때까지 무한히 계속되는 것이 아니고 동전의 개수만큼만, 즉 세 번만 시행되는 게임이다. 세 번째 시행에서 승자가 가려지지 않으면 그 게임은 무효다.

13) 하위헌스의 정리 11에 베르누이가 붙인 해설 I은 주사위 두 개를 던지는 게임을 두 번 해서 한 번이라도 두 주사위의 눈이 모두 6이 되면 이기는 게임이 있을 때, 그 기댓값은 처음에 모두 6이 나오는 경우 ($\frac{1}{36}$)와 처음에는 안 나오고 두 번째에 모두 6이 나오는 경우 ($\frac{35}{36}\times\frac{1}{36}$)를 더하여 $\frac{71}{1296}$이 되는데, 이 결과를 두 단계를 거쳐 구한 기댓값으로 보는 대신 1296가지가 나오는 한 번의 게임에서 71가지 경

개를 얻을 경우는 bb가지이고 그의 상대방이 동전 두 개를 얻을 경우는 cc가지다. 따라서 A가 이겨서 판돈 1을 차지할 경우가 bb가지이고 그의 기댓값이 y가 되는 경우가 cc가지이므로 그 둘은 그에게 $\frac{(bb+ccy)}{(bb+cc)}$의 가치가 있다. 이것을 x라 부르기로 했으므로 $x=\frac{(bb+ccy)}{(bb+cc)}$ 또는 $y=\frac{(bbx+ccx-bb)}{cc}$다. 비슷한 방법으로 그가 동전을 단지 두 개만 가졌다면 두 개를 더 얻을 경우, 즉 그의 기댓값이 x가 되는 경우가 bb가지이고 그가 동전 두 개를 잃을 경우, 즉 그가 판돈을 다 잃을 경우가 cc가지다. 이는 그가 $\frac{bbx}{(bb+cc)}$를 가진 것과 꼭 마찬가지다. 그리고 이것을 y라 부르기로 했으므로 $y=\frac{bbx}{(bb+cc)}$다. 앞에서 $y=\frac{(bbx+ccx-bb)}{cc}$였으므로 $\frac{(bbx+ccx-bb)}{cc}=\frac{bbx}{(bb+cc)}$다. 따라서 $x=\frac{(b^4+bbcc)}{(b^4+bbcc+c^4)}$고, $y=\frac{bbx}{(bb+cc)}=\frac{b^4}{(b^4+bbcc+c^4)}$이다.

이를 계산했으므로 처음으로 돌아가 두 사람이 동전

우라고 생각해도 된다는 것이다.

세 개를 가지고 게임을 시작하고 A가 처음 던진 뒤 동전을 네 개 가지게 될 경우, 즉 기댓값이 x 또는 $\frac{(b^4+bbcc)}{(b^4+bbcc+c^4)}$가 될 경우가 b가지이고, 그가 동전을 두 개만 가지게 될 경우, 즉 기댓값이 y 또는 $\frac{b^4}{(b^4+bbcc+c^4)}$이 될 경우가 c가지이면, $(bb+bc+cc)$를 약분해 없애고 A의 기댓값은 $\frac{(b^5+b^4c+b^3cc)}{(b^5+b^4c+b^3cc+bbc^3+bc^4+c^5)}=\frac{b^3}{(b^3+c^3)}$이 된다. 그리고 상대방 B의 기댓값은 $\frac{c^3}{(b^3+c^3)}$이 되므로 두 사람의 기댓값 비는 $b^3:c^3$이다.

그러므로 사실상 A와 B가 갖는 동전 수가 한 개, 두 개, 세 개…일 때 두 사람의 기댓값 비는 숫자 b와 c의 단순 비가 된다. 즉 동전이 두 개면 그 숫자들을 제곱한 것의 비가 되며, 동전이 세 개면 숫자들을 세제곱한 것의 비가 되므로, 우리는 귀납에 따라 두 사람이 어떤 수만큼의 동전을 가지고 게임을 시작하면 두 사람의 기댓값 비는 b와 c를 동전의 수만큼 거듭제곱한 것의 비가 된다는 결론을 얻는다. [페이지 70]

결과적으로, 하위헌스가 낸 문제에서는 각자 동전 열두 개를 가지고 시작하므로 각자의 기댓값 비는 $b^{12}:c^{12}$이므로 b와 c의 원래 값 5와 9를 대입하면 하위헌스가 제시한 것과 같은 244,140,625:282,429,536,481이 된다. 또한 아래와 같이 하면 아무런 계산 없이도 마찬가지 결과를 얻을 수 있다. 만일 A가 동전 한 개를 빼고 동전을 다 가졌다면 그가 이길 경우는 b가지이고, 또 만일 B가 동전 한 개를 빼고 동전을 다 가졌다면 그가 이길 경우는 c가지다. 다음으로 A가 동전 두 개를 빼고 동전을 다 가졌다면 그가 동전 한 개를 뺀 모든 동전을 갖게 될 경우는 b가지이고, 그 경우마다 이길 경우가 b가지이므로 그가 이길 경우는 $b \times b$, 즉 bb가지다. 또 만일 B가 두 개를 빼고 동전을 다 가졌다면 마찬가지로 그가 이길 경우는 cc가지다. 그러므로 두 사람 각자가 이기기까지 부족한 동전의 수에서 한 개씩 덜 부족해지는 데는 A는 b가지 경우가, B는 c가지 경우가 있다. 따라서 각자가 동전 열두 개씩을 가지고 게임을 시작할 때에는 각각 이기기까지 동전 열두 개가 부족하므로 각자가 이길 기회의 비는 앞에서 구한 것과 같이 $b^{12} : c^{12}$이다.

그러나 만일 이런 논증이 충분히 명확하지 못하다고 판단하는 사람이 있다면, 그들은 하위헌스가 정리 11에서 썼던 지름길, 즉 모든 중간 단계는 생략하고 바로 동전 여섯 개로 간 다음 열두 개로 가는 방법을 이용할 수 있을 것이다. 하지만 각자가 동전 한 개를 얻거나 잃게 되는 경우의 수 b와 c 대신 각자가 동전 n개를 얻고 잃는 경우의 수로 바꿔 넣으면, 사실은 처음에 동전이 두 개일 때 유도한 것과 같은 결과가 동전 한 개 대신 동전 n개, 동전 두 개 대신 동전 $2n$개를 가정할 때 그대로 성립하므로 그런 추가 계산을 할 필요가 없다. 더욱이 마찬가지로 우리는 각자가 동전 $2n$개로 시작할 때 이길 기회의 비는 동전 n개로 시작할 때 각자가 이길 비의 제곱임을 추론할 수 있다. 그러므로 앞의 경우, 처음에 동전 세 개로 시작하면 이길 기회의 비는 $b^3 : c^3$이며 처음에 동전이 여섯 개이면 그 비는 $b^6 : c^6$이며 동전 열두 개로 시작하면 그 비는 $b^{12} : c^{12}$가 되어 우리가 귀납으로 얻은 것과 같은 결과를 얻는다. [페이지 71]

따라서 두 사람이 같은 수의 동전을 가지고 게임을 시작할 때 각자가 이길 기회의 비는 명확히 알게 되었지만 두 사람이 가진 동전 수가 다를 때 게임을 하다가 각자가 만나는 상황에서 얻는 이길 기회가 어떻게 될지는 확실히 모른다. 그러나 이 경우에 대해서도 일반적인 규칙을 만들 수 있다. A가 동전 m개, B가 동전 n개를 가졌다고 하자. 만일 b와 c가 같다면 두 사람이 이길 기회의 비는 $m : n$이다. 하지만 만일 c가 b보다 크면 비는

$b^n c^m - b^{m+n} : c^{m+n} - b^n c^m$이다. 이를 얻으려면 꽤 수고스러운 계산이 필요하기 때문에, 원하는 독자가 이 결과를 증명해 보도록 맡기겠다. 대신 우리는 더 이상 지체하지 않고 우리가 제시한 제2부로 넘어가기로 하자.

제2부

순열과 조합 이론[14)]

---

14) 통계학의 역사에서 베르누이의 《추측술》은 제4부에 있는 '큰 수의 법칙' 때문에 가장 유명하지만, 이 책은 한편으로 조합에 대한 책 가운데 18세기에 가장 인기 높았던 책이기도 했는데(Hald, HPS, p. 229) 그 내용이 나오는 곳이 바로 제2부다. 조합과 순열은 인도와 아랍, 중국 등에서 9세기경에 이미 여러 가지 용도로 사용한 기록이 있다고 한다 (E. Knobloch, <Combinatorial probability>, 《Companion Encyclopedia of the History and Philosophy of the Mathematical Sciences》, vol. 2, edited by I. Grattan-Guinness, Routledge, 1994, pp. 1286~1292). 서양에서는 16~17세기에 파스칼을 비롯한 사람들이 이에 대한 연구를 적지 않게 내놓은 결과 조합수와 이항계수가 같다는 관계 등이 밝혀졌다 (Edwards, PAT, 2002). 그런데 선행 연구에 나오는 결과들이 《추측술》에 또 실려 있는 것으로 보아 베르누이는 이 책을 쓸 당시 그러한 연구들을 모두 알고 있지는 못했던 것으로 평가된다. '순열(permutation)'과 '조합(combination)'이라는 용어를 처음 사용한 사람이 누구인가를 두고는 역사를 연구하는 학자들 사이에서도 이론이 있는 것 같은데 '조합'은 파스칼과 라이프니츠가 처음으로 썼다고 한다. 한편 '순열'은 한동안 베르누이가 처음 썼다고 알려져 있었지만 나중에 알려진 바로는 영국의 토머스 스트로드(Thomas Strode)가 1878년에 먼저 썼다고 한다(Hald, HPS, p. 229). 《추측술》 제2부는 모두 아홉 개 장으로 이루어져 있는데 여기서는 그중 처음 세 장만을 번역했다. 제2부의 나머지 부분([페이지 99~137])에는 조합 수의 여러 성

질과 반복이 있는 경우의 조합, 다양한 경우에 조합 수를 구하는 내용, 그리고 조합을 이용하여 점수 문제 등을 푸는 방법 등이 들어 있다.

서문

자연과 인간 행동에서 발현되고 우주의 주된 아름다움을 구성하는 무한한 다양성은 분명 각각의 부분들이 가지각색으로 만나고 섞이고 치환되어 생긴다. 그런데 함께 모여서 어떤 결과를 만들어 내는 것들이 워낙 많고 다양하다 보니 그들이 만나고 섞이거나 그러지 못하는 모든 방법들을 헤아리기가 매우 어렵다. 그러다 보니 가장 신중하고 용의주도한 사람이라 할지라도 논리학자들이 보통 **부분들을 충분히 헤아리지 못하는 오류**(insufficient enumeration of parts)라고 부르는 잘못을 가장 흔히 저지르게 된다. [페이지 73] 이해할 대상이든 행동할 대상이든 우리의 일상적인 사고 속에서 헤아릴 수 없이 가장 심각한 잘못을 범하게 되는 거의 유일한 원인이 바로 여기에 있다고 해도 될 정도다. 그러므로 우리 정신의 결점을 고쳐 주고 여러 가지 것들이 서로 만나고 치환하고 결합할 수 있는 모든 가능한 방법을 어떻게 헤아려야 하는지 알려 주는 **조합론**(combinatorics)이라는 학문은 가장 유익한 것이라 불릴 만하다. 조합론 덕분에 우리는 원하는 바에 도움이 될 것들을 하나도 빠뜨리지 않았음을 자신할 수 있게 된다. 사실 비록 조합론은 계산으로 귀결된다는 면에서는 수학 문제인데도, 그 효용과 필요성을 살펴보면 철학자의 지혜나 역사가의 정확성, 그리고 물리학자의 능숙함, 정치가의 신중함도 조합론이 없다면 버틸 수 없다는 사실이 입증됨을 알 수 있다. 이를 논증하기 위해서는 개인들이 하는 모든 일은 **추측(conjecturing)**에 의존하고 있으며 모든 추측은 국면들과 여러 원인의 조합들에 대해 무게를 가늠한다는 점을 생각하면 충분하다. 뿐만 아니라, 앞으로 이 책에서 보게 될 것들이 모두 새로운 것들이라고 오해하는 일이 없도록 하기 위해 일러두는데, 여러 뛰어난 사람들, 가령 판스호턴(van Schooten), 라이프니츠(Leibniz), 월리스(Wallis), 프레스테(Prestet) 같은 사람들이 이 주제를 연구했다. 그래도 이 책에는 우리 자신이 연구한 것들도 들어 있는데 경멸받을 만한 것들은 아니다. 먼저 도형수(figurative numbers)의 성질을 일반적이고 쉽게 증명했다. 그 성질은 많은 것들을 뒷받침하는 것으로서 내가 아는 한 지금껏 어디에서도 증명되거나 유도된 적이 없는 것이다.

한편으로 우리가 아직 조합론이라는 학문의 체계에 대해 완전히 모르기 때문에, 다른 한편으로 우리가 알고 있는 것을 다른 곳에서 찾을 필요가 없도록 하기 위하여, 그 이론의 전체를 처음부터 다루려 했다. 또 증명하지 않고 넘어가는 것이 하나도 없도록 첫 번째 정리부터 모든 것들을 유도하려 노력했다. 하지만 그런 설명은 우리의 목적에 비추어 필요하다고 생각되는 경우에만 짧고 [페이지 174] 간결하게 했다. 제2부는 크게 순열에 대한 이론과 조합에 대한 이론 두 가지로 나누어진다. 또한 그 둘을 함께 다루는 내용도 덧붙였다.

제1장
순열에 대하여

내가 어떤 것들의 **순열**이라고 부르는 것은 그것들의 수는 바꾸지 않고 순서와 위치를 다른 방식으로 바꾸었을 때 달라지는 것을 말한다. 즉 어떤 것들을 모두 이용하되 단지 그것들의 순서 또는 위치를 바꾸어서 치환하거나 혼합할 수 있는 방법이 얼마인가라는 질문이 바로 그것들의 모든 순열의 개수를 묻는 것이다.

하지만 어떤 것들을 순열로 배치하려면 모두가 서로 또는 전체 중 일부가 서로 다른 것들일 수 있다. 그런 것들을 편리하게 나타내는 방법은 모두 다른 알파벳 또는 일부 문자가 반복되는 알파벳 문자를 써서 표현하면 된다.

1. 서로 모두 다른 것들의 순열 배치

어떤 것들을 순열로 배치할 수 있는 경우의 수를 알기 위해서는 그보다 개수가 적은 것들에 대해 먼저 알아야 하므로 우리는 당연히 가장 간단한 가설에서 시작하여 종합해 가는 방법을 써야 한다. 그 가설은 아래와 같다.

배치할 것이 단 하나라면 그것(문자 a라고 하자)은 단지 한 가지 방법으로만 배치할 수 있다.

배치할 것이 둘(문자 a와 b라고 하자)이라면 a가 앞서고 b가 뒤따르거나 b가 앞서고 a가 뒤따른다. 즉 두 개를 배치하는 순서는 ab와 ba, 두 가지다.

세 문자 a, b, c를 배열할 때는 첫 번째 자리에 a 또는 b 또는 c를 배치한다. 만일 첫 번째 자리에 a가 놓였다면 [페이지 75] 앞서 말했듯 나머지 두 문자는 두 가지 방법으로 배열된다. 또 만일 b가 첫 번째 자리에 놓였다면 나머지 두 문자는 역시 두 가지 방법으로 배치되며 c가 첫 번째 자리에 놓였을 때도 마찬가지다. 따라서 배열할 문자가 셋인 경우 순열은 3 곱하기 2, 즉 여섯 가지 abc, acb; bac, bca; cab, cba다.

비슷한 방법으로 a, b, c, d 네 문자가 있으면 넷 중 어떤 하나가 첫 번째 자리를 차지하고 나면 나머지 세 문자가 자리를 바꿀 수 있는 방법은 앞서 보았듯 3 곱하기 2, 즉 여섯 가지다. 따라서 첫 번째 자리를 차지할 수 있는 문자가 넷이므로 네 문자가 자리를 바꿀 수 있는 방법은 모두 4 곱하기 3 곱하기 2, 또는 4 곱하기 6, 즉 24가지다.

마찬가지로 다섯 번째 문자 e가 추가되면 문자가 넷일 때의 가짓수 24의 다섯 배, 즉 120가지가 된다. 그리고 일반적으로 문자의 수가 얼마든 순열의 가짓수는 그보다 한 개 적은 문자들의 순열 수에 문자의 수를 곱한 것과 같다.[15)]

2. 같은 것들이 있는 경우의 순열

[페이지 76] 문자들 가운데 한 문자나 여러 문자가 다른 것보다 더 자주 있는 경우, 예를 들어 *aaabcd*에서 문자 *a*가 세 번 반복될 경우처럼 같거나 유사한 것들이 있을 때는 순열의 수가 훨씬 더 적어진다. 이를 알아보기 위해 예를 들어 *aaa* 대신 세 문자가 모두 다른 $a\alpha A$를 생각해 보자. 이 세 문자를 제외한 다른 것들의 위치는 변하지 않는다고 할 때 이 세 문자의 자리를 바꿀 수 있는 방법은 여섯 가지이므로 전체적으로 그 수를 곱한 개수만큼 서로 다른 순열이 생길 것이다. 그런데 그 세 문자가 같으므로 $a\alpha A$의 여섯 가지 순열은 서로 아무 차이가 없게 되고 똑같은 한가지로 간주해야 한다. 같은 것은 문자의 어떠한 배열에서도 동일한 것으로 생각해야 하므로 전체 문자로 만드

---

15) 베르누이의 책 75~76쪽에는 '순열의 가짓수를 구하는 규칙'이 나와 있는데 서로 다른 것들이 하나 있을 때부터 시작해 열두 개 있을 때까지 계속 곱하면 된다는 내용이다. 여기에서는 생략했다.

는 순열의 수는 $\frac{1}{6}$로 줄어든다. 즉 같은 문자가 있을 때 순열은, 모든 문자가 다를 때의 순열을 같은 문자들끼리 순열 배치하는 경우의 수로 나누면 된다. *aaabcd*에서 같은 문자가 없다면 순열의 수는 720가지이지만 세 문자가 같으므로 순열의 수는 120가지밖에 되지 않는다.

또 만약 여섯 문자가 *aaabbc*이면 *a*가 세 개 나온 뒤 *b*가 둘 있으므로 순열의 수는 *aaabcd*의 경우보다 $\frac{1}{2}$로 줄어들어 단지 60가지가 된다. [페이지 77] 이것은 *bb*의 두 문자가 달랐다면 두 개의 다른 순열이 되었겠지만 두 문자를 자리바꿈해도 마찬가지기 때문이다. 같은 방법으로 여러 문자들이 더 많이 반복되면 순열의 수는 문자마다 그들끼리 순열 배치할 수 있는 방법의 수로 나눠 준 수로 줄어든다는 것을 추측할 수 있다.[16)]

---

16) 같은 것들이 있을 때 순열의 수를 설명한 다음 그의 책 77~81쪽에서 베르누이는 단어의 철자를 바꿔서 서로 다른 단어가 몇 개 만들어지는지를 예로 들었다. 또 그는 시의 한 구절에 대해서도 같은 예를 들었는데 이 부분들은 번역하지 않았다.

제2장
조합 자체에 대하여

어떤 것들의 **조합**이란 여럿 가운데 일부는 제외하고 나머지를 결합한 것들을 함께 일컫는 것이다. 이때 순서나 위치는 상관없다. 그러므로 어떤 것들이 일정한 수만큼 있다고 할 때 같은 것들이 거듭 선택되더라도 한 번만 헤아린다고 하면 거기서 두 개, 세 개, 또는 네 개를 택할 방법이 얼마나 되는가라는 물음은 모든 서로 다른 조합에 대해 묻는 것이다.

결합되는 것들의 수는 조합의 지수(exponent)라고 부른다. 즉 한 번에 두 개를 고르면 지수는 2, 세 개를 고르면 3, 네 개를 고르면 4다. 이러한 지수에 따라 결합된 것을 지수 2인 조합(pairs), 지수 3인 조합(triples), 지수 4인 조합(quadruples) 등으로 부르거나 'binions', 'ternions', 'quaternions' 등으로 부르며 단 하나만 고른 것은 개체(singletons 또는 units)라고 부르고 아무것도 고르지 않은 것은 'nullions'라고 부른다.

또 어떤 사람들은 이와 같은 것들을 'combinations', 'com3nations', 'com4nations' 등으로 부르며, 이 모든 것

들을 통칭하기 위해 'combinations'를 쓰기도 하는데 이 용어는 조금 더 엄밀하게 보면 한 번에 둘을 결합한 것들만 일컫는 것처럼 보인다. 그 때문에 어떤 사람들은 'complications' 또는 'complexions'와 같이 보다 일반적인 용어를 쓴다. 또 다른 사람들은 보다 고유한 용어로 'choices'를 씀으로써 뽑는 것은 개체들 자체를 뽑는 것이며 그렇지 않으면 아무것도 뽑지 않는 것임을 사람들이 이해할 수 있게 한다.[17)]

그런데 조합되는 것들은 서로 모두 다른 것들이거나 그중 일부는 같은 것들이다. 나아가, 같은 것은 전체 속에서보다 어떤 조합에도 더 자주 포함되지 않도록 결합된다. 아니면, 같은 것들은 단일 조합 속에서 더 자주 일어나도록 결합된다. 즉 그 자신과도 결합될 수 있다. 또한, 조합의 개수를 찾을 때는 [페이지 83] 모든 지수를 함께 생각하여 찾거나 지수마다 따로 찾을 수도 있다. 이러한 결합 방법에 대해 여러 가지 문제나 질문을 만들어 볼 수 있는데 우리는 나중에 유용한 것들이라고 판단되는 것만 골라서 살펴볼 것이다.

---

17) 'binions', 'ternions', 'quaternions', 'combinations', 'com3nations', 'com4nations'와 같은 용어들은 오늘날 쓰지 않는 표현이므로 굳이 우리말로 번역하지 않고 베르누이가 쓴 라틴어 원문을 그대로 나타냈다.

1. 조합할 것들이 모두 서로 다르며 같은 것은 조합 속에 두 번 나타나지 않아야 할 때, 모든 조합을 완전히 찾기, 즉 모든 지수의 조합을 한 번에 찾기

모든 방법으로 $a, b, c, d, \cdots$의 문자를 조합해 보자. 문자의 수와 같은 수의 행을 다음과 같이 만든다.

첫 번째 행에는 문자 a만 쓴다.

두 번째 행에는 먼저 문자 b만 따로 쓴 다음 b와 a를 조합하여 ab 또는 ba를 쓴다. 조합에서는 순서를 무시하므로 둘 다 같은 것이다.

세 번째 행에는 먼저 문자 c만 따로 쓴 다음 c에 a와 b를 조합하여 ac와 bc를 쓰고 c에 ab를 조합하여 abc를 쓴다.

네 번째 행에는 먼저 문자 d만 따로 쓴 다음 d와 a, b, c를 조합하고 또 d와 ab, ac, bc를 조합한 다음 d와 abc를 조합한다. 이렇게 하여 지수 2인 조합(pairs) ad, bd, cd와 지수 3인 조합(triples) abd, acd, bcd, 그리고 지수 4인 조합(quadruple) $abcd$를 만든다.

비슷한 방법으로 다섯 번째 행에 문자 e를 적고 이 문자와 4행까지 나온 모든 것들을 결합한다. 문자가 더 있다면 이와 마찬가지 방법으로 계속한다. [페이지 84] 이렇게 하면 주어진 문자들은 이러한 행들에서 빠짐없이 결합되며 또한 어떤 결합도 중복해서 나타나지 않는다는 것이 명백해진다. 따라서 모든 행들과 더불어 주어진 문자로 만들 수 있는 조합들이 다 만들어진다.

$$
\begin{array}{c}
a. \\ \hline
b.\ ab. \\ \hline
c.\ ac.\ bc.\ abc. \\ \hline
d.\ ad.\ bd.\ cd.\ abd.\ acd.\ bcd.\ abcd. \\ \hline
e.\ ae.\ be.\ ce.\ de.\ abe.\ ace.\ bce.\ ade.\ bde.\ cde.\ abce.\ abde.\ acde.\ bcde.\ abcde.
\end{array}
$$

따라서 어떤 행에 있는 조합의 수는 그 앞 행들에 있는 것을 다 합친 것보다 한 개가 더 많다. 이는 새로운 행의 맨 앞에 있는 문자가 혼자 나오는 것은 단지 그곳 한 번뿐인데 그 문자가 그보다 앞에 있는 행들의 각 조합들과 만나기 때문이다. 이 점을 생각하면, 전체 조합의 수를 쉽게 알 수 있다. 조합의 수는 첫째 행에는 1, 둘째 행에는 2, 셋째 행에는 4, 넷째 행에는 8, 이와 같이 등비 2인 등비수열이 된다. 그런데 알고 보면 이는 또한 1부터 시작하는 등비 2인 등비수열의 성질, 즉 어느 항까지 모든 항을 합한 값에 1을 더하면 그다음 항이 된다는 성질에 해당한다. 따라서 어떤 행까지 모든 조합의 수를 합하면 1부터 시작하는 등비 2인 등비수열의 항을 그 행의 수만큼 합한 값이 된다. 즉 그 값은 방금 말한 성질에 따라, 그 수열의 다음 항에서 1을 뺀 값과 같은데, 그 수열의 다음 항의 값은 수열에서 그보다 앞에 있는 항의 수만큼 2를 곱한 것과 같다. 그런데 그 항의 수란 바로 우리가 조합을 구하고 있는 행의 수와도 같다. 이에서 주어진 것들에 대해 모든 개수의 조합을 구하는 규칙(Rule for finding all the choices of all exponents of given things)이 나온다. 주어진 것들의 수만큼 2를 거듭제곱한 다음 거기에서 1을 빼면 우리가 찾는 값이 나온다.

어떤 것이 n개 주어졌다고 하자. 이들을 둘, 셋 등등으로 선택할 수 있는 방법은 모두 2^n-1가지다. 따라서 0개를 고르는 것도 포함한다면, 선택 대상이 몇 개든 거기서 아무것도 선택하지 않는 경우는 [페이지 85] 유일하므로 모든 선택 방법은 2^n개가 된다. 한편 만일 0개를 고르는 경우와 단 한 개만 고르는 경우(그 방법의 수는 항상 선택 대상이 되는 것들의 수와 같다)를 제외한다면 둘, 셋, 그리고 그 이상의 것들을 고르는 방법의 수는 2^n-n-1개다.

예를 들어 일곱 행성들의 다양한 합(conjunction: 모임) 또는 복잡한 이합집산은 모두 $2^7-1=2\cdot2\cdot2\cdot2\cdot2\cdot2\cdot2-1=128-1=127$가지다. 만약 행성 하나만 있는 경우를 순수한 합이 아니고 외따로 분리된 것이라 보고 일곱 가지를 제외한다면 엄밀하게 합이라고 부르는 것들, 즉 행성들이 둘, 셋, …, 일곱까지 함께 나타나는 것들만 남게 되고 그 수는 $2^7-7-1=120$가지다. 따라서 또한 서로 다른 소리를 내는 오르간의 파이프 종류가 열두 개라면, 그것들은 $2^{12}-1=4095$가지로 바뀔 수 있다.

참고사항 : 위의 그림에 있는 조합들을 살펴보면 어떤 행(a 하나만 있는 제1행은 제외)에서든 짝수 개 원소로 이루어진 조합의 수는 홀수 개 원소로 이루어진 조합의 수와 같음을 알 수 있을 것이다. 적어도 처음 부근에 있는 행에서 그러하다면 그다음 행에서도 마찬가지일 것이라고 추측할 수 있다. 왜냐하면 각 행의 맨 앞에 있는 글자와 그 이전에 있는 행들에 있는 조합을 결합하면 홀수 개로 된 것들은 짝수 개가 되고 짝수 개인 것들은 홀수 개 조합이 된다. 게다가 각 행의 맨 앞에 있는 글자와 첫 행의 a를 결합하면 짝수 조합이 되고 그 문자만 따로 하나의 조합으로 간주하면 그것은 홀수 개 조합이 되므로, 새로운 행에서도 역시 짝수 조합의 수는 홀수 조합의 수와 같아진다. 따라서 모든 행들 전체에서 홀수 개를 선택하는 수는 짝수 개를 선택하는 수보다 하나 더 많아지며 만일 아무것도 선택하지 않는 것도 포함한다면 두 수는 같아진다. 이런 이유

로 아무것도 택하지 않는 것도 포함하여 모든 조합의 수는 2^n이므로 홀수 개를 선택하는 수는 그 절반, 또는 차수가 하나 낮은 2^{n-1}개이며 아무것도 택하지 않는 것을 제외하면 짝수 개를 선택하는 수는 $2^{n-1}-1$개다. 제4장의 따름정리 6에서 이에 대해 증명할 것이다. [페이지 86]

제3장
선택하는 수를 한 가지만 따로 생각할 때의 조합 : 도형수와 그들의 성질을 포함하여

조합을 그린 제2장의 그림에서 각 행의 맨 앞에 있는 문자들이 그보다 앞선 여러 행에 있는 단일 문자와 결합하면 그 행에 두 문자로 된 것들이 생기고, 앞 행에 있는 두 개로 된 것들과 만나면 세 문자로 된 것들이 생기고, 세 문자로 된 것들과 만나면 네 문자로 된 것들이 생긴다는 것을 분명히 알 수 있다. 따라서 어떤 행에 있는 두 문자로 된 것들의 수는 앞 행의 단일 문자의 수와 같고 세 문자로 된 것들의 수는 앞 행의 두 문자로 된 것들의 수와 같고 네 문자로 된 것의 수는 세 문자로 된 것들의 수와 같으며 일반적으로 어떤 행에서 어떤 개수로 된 조합의 수는 그보다 앞선 행들에 있는, 개수가 하나 적은 모든 조합의 수와 같다. 이로부터 다음을 알 수 있다.

단일한 것들은 각 행들에서 하나씩만 나타나므로 모두 함께 1. 1. 1. 1. 1 등 1로 된 수열을 만든다.

둘로 된 것은 첫째 행에는 없고, 둘째 행에는 1개, 셋째 행에는 1+1=2개, 넷째 행에는 1+1+1=3개, 다섯째 행에는

1+1+1+1=4개 등과 같이 있다. 따라서 둘로 된 것들의 전체 수는 0. 1. 2. 3. 4. 5 등의 열을 이룬다. 즉 하나의 등차 수열 또는 모서리 선의 수(lateral numbers)[18]가 된다.

세 문자로 된 것은 첫째와 둘째 행에는 없고, 셋째 행에 1개, 넷째 행에 1+2=3개, 다섯째 행에 1+2+3=6개, 여섯째 행에는 1+2+3+4=10개 등이 있다. 순서대로 그 숫자들은 0. 0. 1. 3. 6. 10. 15 등의 수열을 이룬다. 즉 이른바 삼각수(triangular numbers)를 이룬다.

네 문자로 된 것들은 처음 세 행에는 없다. 넷째 행에 1개, 다섯째 행에 1+3=4개, 여섯째 행에 1+3+6=10개, 일곱째 행에 1+3+6+10=20개 등이 있다. 순서대로 그 숫자들은 0. 0. 0. 1. 4. 10. 20 등 이른바 피라미드수(pyramidal numbers)를 이룬다. [페이지 87]

비슷하게 추론하면 다섯 문자로 된 것들은 삼각 피라미드수 0. 0. 0. 0. 1. 5. 15. 35를 이룬다. 또 여섯 문자로

---

18) (Sylla, p. 205, 각주 13) 라틴어로는 'lateralium'인데 원래 '모서리의'라는 뜻이다. 종종 '도형수'에 대해서 말할 때는 이른바 '삼각수', 또는 빈칸을 띄운 점들이나 개체를 삼각형으로 배열한 것처럼 숫자를 나열한 것에서 시작한다. 베르누이의 경우 도형수의 첫째는 간단한 정수들의 열 1, 2, 3, 4, …인데 고차 평면이나 입체도형에 비유하면 기하학적인 도형의 선 또는 모서리에 있는 선에 해당하는 셈이다.

된 것들은 피라미드-피라미드수 0. 0. 0. 0. 0. 1. 6. 21를 이룬다. 그리고 더 큰 지수를 가진 다른 조합들은 더 높은 종류의 도형수를 이루는데 그 높이에 **한계는 없다**(in infinitum).

그러므로 조합이론에 따라 우리는 뜻하지 않게 도형수들을 탐색하게 되었는데, 그 이름은 통상 산술 비례와 그들로 만든 수를 계속 더하거나 모아서 만든 수들을 일컫는다.

이러한 도형수들의 열을 한 눈에 볼 수 있으며 그것들에 대해 앞으로 설명할 내용을 보다 알기 쉽게 만들기 위해 아래의 표를 만들었다. 한가한 사람이라면 누구나 [페이지 88] 그 표의 오른쪽과 아래쪽으로 원하는 만큼 표를 늘려 볼 수 있을 것이다.

		조합의 지수											
		I	II	III	IV	V	VI	VII	VIII	IX	X	XI	XII
결합될 것들의 수	1	1	0	0	0	0	0	0	0	0	0	0	0
	2	1	1	0	0	0	0	0	0	0	0	0	0
	3	1	2	1	0	0	0	0	0	0	0	0	0
	4	1	3	3	1	0	0	0	0	0	0	0	0
	5	1	4	6	4	1	0	0	0	0	0	0	0
	6	1	5	10	10	5	1	0	0	0	0	0	0
	7	1	6	15	20	15	6	1	0	0	0	0	0
	8	1	7	21	35	35	21	7	1	0	0	0	0
	9	1	8	28	56	70	56	28	8	1	0	0	0
	10	1	9	36	84	126	126	84	36	9	1	0	0
	11	1	10	45	120	210	252	210	120	45	10	1	0
	12	1	11	55	165	330	462	462	330	165	55	11	1

조합 또는 도형수 표[19)]

맨 왼쪽에 있는 아라비아 숫자들은 행의 수를 나타내는 한편 조합에서 선택될 수 있는 것들의 수도 나타낸다. 맨 위에 있는 로마 숫자들은 열의 수를 나타내는 한편 조합에서 선택된 것들의 수를 나타낸다. 첫째 열은 단일한 것들이고, 둘째 열은 0부터 시작하여 자연수 또는 모서리 선의 수로, 셋째 열은 0이 두 개 나온 다음 삼각수로, 넷째 열은 0이 네 개 나온 다음 피라미드수로, 다섯째 열은 0이 다섯 개 나온 다음 삼각-피라미드수 등으로 되어 있다. 이 표는 분명 감탄스럽고 놀라운 성질들을 갖고 있는데 그것은 이미 내가 보인바, 그 속에 숨은 조합의 비밀 정도가 아니다. 기하학의 더욱 숨겨진 부분에 정통한 사람들은 그 외의 수학에서 가장 중요한 비밀이 그 속에 있음을 알고 있다. 우리는 여기서 그 몇몇 성질을 표본으로 골라 볼 텐데 사실 우리가 볼 것들은 겨우 맛을 보는 정도에 지나지 않는다. 여기서는 우리의 목적에 부합하는 것들만 더 자세하게 설명할 것인데, 그 외의 것들은 이것에서 증명되

---

19) 이 표에서 n째 행, r째 열에 있는 숫자가 ${}_{n-1}C_{r-1} = \binom{n-1}{r-1}$이다. 따라서 ${}_nC_r$을 찾으려면 $(n+1)$째 행, $(r+1)$째 열의 숫자를 찾으면 된다.

거나 그 표를 만들면서, 그리고 도형수를 만들면서 충분히 드러날 것이다.

조합 표의 놀라운 성질들

1. 열들 중에서 둘째 열 맨 위에는 0이 하나 있고 셋째 열에는 0이 둘, 넷째 열에는 0이 셋 있다. 일반적으로 c번째 열 맨 위에는 0이 $c-1$개 있다.

2. 열들 가운데 왼쪽에서 오른쪽으로 비스듬히 내려오면서 0이 아닌 항들을 찾아보면 첫째 열의 모든 항, 둘째 열의 둘째 항, 셋째 열의 셋째 항 등이다. 예를 들어 1로만 된 열에서는 첫째 항, 모서리수로 된 열에서는 둘째, 삼각수 열에서는 셋째 항 등이다.

3. 각 열에서 1 다음에 있는 항은 그 열의 번호와 같다.

4. 표의 어떤 항에서든, 그 항이 있는 열의 바로 앞 열에 있는 항들 중에서 그 항보다 위쪽에 있는 항들을 모두 합하면 그 항과 같다.

5. 모든 항은 그 항 바로 위에 있는 두 항의 합과 같은데, [페이지 89] 두 항 중에서 하나는 그 항과 같은 열에 있는 항이고 나머지 하나는 바로 앞 열에 있는 항이어야 한다.

6. 어떤 행에서든 항들은 1에서 시작하여 커지다가 커질 때와 같은 값을 가지면서 작아진다. 정해진 행까지만

열들을 합해도 마찬가지다. 이 결과는 성질 4번에 따라 열들을 합해 준 행의 바로 다음 행에 있는 항들이 커졌다가 작아지는 것과 꼭 같은 이치다.

7. 같은 높이의 열들에서, 즉 어떤 행에서, 처음 나오는 0이 아닌 항과 마지막으로 나오는 0이 아닌 항은 항상 같다. 또한 0이 아닌 두 번째 항과 0이 아닌 마지막 항 바로 앞의 항은 항상 같다. 그리고 그 행에 0이 아닌 항들이 더 있다면 0이 아닌 세 번째 항과 0이 아닌 마지막 항보다 두 번째 앞의 항은 항상 같다.

8. 하지만 처음부터 일정한 수의 열과 그와 같은 수의 행에 대해, 같은 열에 있는 항들을 모두 더하면 맨 첫째 값은 끝에서 둘째 값과 같고 둘째 값은 끝에서 셋째 값과 같으며 셋째 값은 끝에서 넷째 값과 같다. 사실 이 값들은 성질 4와 7에 따라 그다음 행의 항들이 된다. 5열, 5행까지를 예로 들어 보자.

1.	0.	0.	0.	0.
1.	1.	0.	0.	0.
1.	2.	1.	0.	0.
1.	3.	3.	1.	0.
1.	4.	6.	4.	1.
——	——	——	——	——
5.	10.	10.	5.	1.

여섯 번째 행에서 첫째 값을 제외하면 맨 아래에 나타낸 합과 같다.

9. 행들은 각각 거듭제곱했을 때의 이항계수들을 나타낸다. 2행은 한 번 곱했을 때의 계수 1. 1.; 3행은 제곱했을 때의 1. 2. 1.; 4행은 세제곱했을 때의 1. 3. 3. 1.; 5행은 네제곱했을 때의 1. 4. 6. 4. 1. 등이다.[20]

10. 행별로 항들을 합하면 그 값은 2의 거듭제곱과 같다. 그뿐 아니라 제1행부터 시작하여 그 합들을 다시 더해보면 2의 거듭제곱에서 1을 뺀 값이다. 아래의 예를 보라. [페이지 90]

1	=	1	1	=	1	2–1
1+1	=	2	1+2	=	3	4–1
1+2+1	=	4	1+2+4	=	7	8–1
1+3+3+1	=	8	1+2+4+8	=	15	16–1
1+4+6+4+1	=	16	1+2+4+8+16	=	31	32–1

앞서 제1장에서 조합에 대해 설명 없이 나타냈던 것들을, 이 결과에서 알 수 있다.

---

20) 조합 수와 이항계수가 같다는 것, 즉 ${}_nC_r = \binom{n}{r}$을 말하는데, 여기에 열거한 성질들이 거의 그러하듯이 이 사실 역시 베르누이가 처음 발견한 것이 아니고 그 이전부터 이미 알려져 있었던 성질이다.

11. 어떤 열에 있는 항을 (처음 값이 1이든 0이든) 그 앞 열에 나란히 있는 항으로 나눠 주면 몫이 등차수열이 된다. 공차는 분수인데 그 분자는 1이고 분모는 나눠 주는 수열에서 1 다음 항의 숫자다.[21)]

필요하다면, 이 성질은 성질 12에서 어렵지 않게 유도할 수 있다.

제수	피제수	몫		제수	피제수	몫
1)	1	(2:2		1)	0	(0:2
2)	3	(3:2		2)	1	(1:2
3)	6	(4:2		3)	3	(2:2
4)	10	(5:2		4)	6	(3:2
5)	15	(6:2		5)	10	(4:2
1)	1	(3:3		1)	0	(0:3
3)	4	(4:3		3)	1	(1:3
6)	10	(5:3		6)	4	(2:3
10)	20	(6:3		10)	10	(3:3
15)	35	(7:3		15)	20	(4:3

12. 어떤 열에서 0들로부터 시작하여 항들을 일정한 개수만큼 합한 것과, 그 합한 항들 중 마지막 항을 모두 같은 값으로 갖고 개수는 같은 값들을 합한 것의 비는 1과 그 열 번호의 비와 같다.[22)] 즉 0으로 시작하는 모서리수를 어떤

---

21) 수열 $\frac{{}_nC_r}{{}_nC_{r-1}}(n=r,\ r+1,\ r+2,\ \cdots)$이 공차가 $\frac{1}{r}$인 등차수열이라는 말이다(Edwards, PAT, p. 170).

개수만큼 합한 것과, 그 수들 중 가장 큰 것, 즉 마지막 수를 같은 개수만큼 합한 것의 비는 1:2다. 두 개의 0으로 시작하는 삼각수를 어떤 개수만큼 합한 것과 그 수들 중 마지막 수를 같은 값으로 갖고 개수는 같은 숫자들을 합한 것의 비는 1:3이다. 세 개의 0으로 시작되는 피라미드수를 어떤 개수만큼 합한 것과 그 수들 중 마지막 수를 같은 값으로 갖고 개수는 같은 숫자들을 합한 것과의 비는 1:4다. 또한 1에서 시작하는 어떤 개수만큼의 수를 합한 것과 그 수들 중 가장 큰 것 다음에 오는 수를 모두 같은 값으로 갖고 길이가 같은 수를 합한 것의 비에 대해서도 역시 같은

---

22) 이처럼 수열의 합과 그 수열의 마지막 항의 비를 구하는 것은 17세기 당시에 넓이나 부피를 구할 때 쓰던 구적법에서 통상적으로 이용하던 방법이라고 한다. 성질 12를 오늘날의 수식으로 표현하면 다음과 같다.

$\frac{\sum_{n=r}^{k} {}_nC_r}{(k+1)\,{}_kC_r}=\frac{1}{r+1}$ 또는 $\frac{\sum_{n=r}^{k} {}_nC_r}{(k-r+1)\,{}_{k+1}C_r}=\frac{1}{r+1}$ (Edwards, PAT, pp. 170~171).

베르누이는 도형수의 성질 11과 12를 매우 중요한 성질로 꼽고 이 성질을 증명한 것을 일컬어 "지금껏 어디에서도 증명되거나 유도된 적이 없는 성질들을 증명"했다고 제2부 서두에서 밝힌 바 있다. 하지만 에드워즈는 PAT 171~181쪽에서 베르누이의 이러한 주장을 반박하며 《추측술》이 나오기 약 반세기 전에 파스칼이 《수삼각형(Traité du Triangle Arithmétique)》(1665)에서 이미 그 성질들을 증명했고 더구나 베르누이의 증명보다 파스칼의 증명이 더 쉽다고 주장했다.

결과가 성립한다. 예를 들어 보자. [페이지 91]

				0	6		
0	3	1	5	0	6	1	15
1	3	2	5	1	6	3	15
2	3	3	5	3	6	6	15
3	3	4	5	6	6	10	15
		0	10	1	56		
		0	10	4	56		
		0	10	10	56		
		1	10	20	56		
		4	10	35	56		
		10	10				

70:280∷1:4

15:60∷1:4[23]

도형수의 성질들 가운데 이 성질이 가장 주목해야 할 성질이며 우리의 주요한 목표를 위해서도 유용한 성질이기 때문에 내가 그 성질을 보이는 데 쓴 방법을 여기에 확실히 밝히는 것이 좋겠다. 그 방법은 과학적인 동시에 제시된 명제를 보편적으로 증명해 준다. 이 목적을 위해서는 우선 보조정리가 몇 개 필요하다.

---

23) 앞서 여러 차례 a^2을 aa라고 나타낸 데서도 그랬지만 베르누이 당시에는 오늘날과 다른 수학 기호를 종종 썼는데 ∷라는 기호는 비(ratio)들이 서로 같음을 나타내는 것이다. 오늘날의 등호(=)처럼 읽으면 된다.

보조정리 1. 제1열에 있는 항을 몇 개 더한 것과, 그 항들 중 마지막 항을 모두 일정한 값으로 가지면서 개수는 앞의 것과 동일한 항들을 합한 것은 서로 같다. 즉 비가 1:1이다.

증명. 제1열은 모두 1로만 이루어져 있으므로 그중 몇 개를 더한 것은 1을 그 개수만큼 더한 것이고 그것들 중 마지막 것을 그 수만큼 더한 것과 같다.

보조정리 2. 0들로 시작되는 열에서 그 열의 첫 항부터 그 열의 번호에 해당하는 개수만큼의 항을 더한 것과, 그 중 마지막 항을 모두 일정한 값으로 가지면서 개수는 앞의 것과 동일한 항들을 합한 것의 비는 1과 열 번호의 비와 같다.

증명. 성질 1에 따라, 각 열의 맨 앞에 있는 0의 개수는 그 열 번호보다 1만큼 작다. 그러므로 만일 그다음 항까지 헤아린다면 항의 수는 열의 번호와 같다. 하지만 성질 2에 따라서 0들 다음에 나오는 수는 1이므로, [페이지 92] 그 항까지 더한 값 역시 1이다. 그리고 그중 마지막 항을 모두 일정한 값으로 가지면서 개수는 앞의 것과 동일한 항들을 합한 것은 열의 번호가 된다. 따라서 보조정리는 증명되었다.

보조정리 3. 일련의 수들 가운데서 처음부터 몇 항을 더한 것과, 그 마지막 항을 모두 같은 값으로 해서 앞의 일련의 수의 개수만큼 합한 것의 비가 항상 일정하다면(예를 들어, 항들의 합과 그 마지막 항을 r로 나눈 값을 모두 같은 값으로 해서 앞의 일련의 수의 개수만큼 합한 것의 비가 $1:r$이 되는 경우처럼), 항의 수에서 r을 뺀 것과 항의 수에서 1을 뺀 것의 비는, 마지막 항 바로 전 항과 마지막 항의 비와 같다.

증명. 처음부터 시작하여 몇 개 고른 항이 $a.b.c.d$라고 하고 항의 수를 n이라 하자. 마지막 항은 d, 마지막 직전의 항은 c다. 이때 분명히 $a+b+c=a+b+c+d-d$다. 즉 가정으로부터

$$\frac{c(n-1)}{r}=\frac{dn}{r}-d$$

이고 양변에 같은 수를 곱하면, $c(n-1)=dn-dr=d(n-r)$이며 이로부터 $(n-r):(n-1)::c:d$가 된다. 증명 끝.

보조정리 4. 도형수 표에서 만일 인접한 두 열이 있는데 앞의 열에서 처음부터 시작한 몇 개 항의 합과, 그 마지막 항을 모두 같은 값으로 해서 앞에 있는 일련의 수의 개수

만큼 합한 것의 비가 항상 $1:r$이고, 또 뒤에 있는 열에서 처음부터 시작한 몇 개 항의 합과 그 마지막 항을 모두 같은 값으로 해서 앞의 일련의 수의 개수만큼 합한 것의 비가 $1:r+1$이라면, 처음부터 시작한 몇 개 항을 합한 것에 그다음 항까지 합한 것과, 마지막에 더한 그다음 항을 모두 같은 값으로 갖는 항들을 마지막에 더한 항까지 포함한 수만큼 합한 것의 비가 $1:r+1$이다.

증명. 뒤에 있는 열에서 고른 항을 $e.f.g.h$라고 하고 그 다음 항을 i라고 하자. 또 그 바로 앞에 있는 열에서 같은 수만큼 고른 항을 $a.b.c.d$라고 하고 각 열에서 고른 항의 수를 n이라 하자. 그러면 (도형수를 만드는 성질 4에 따라) $rh=r(a+b+c)$이고, (가정에 따라) $=(n-1)c$이고, (보조정리 3에 따라) $=(n-r)d$다. 따라서 (가정에 따라) $(n-r):h::r:d::n:(a+b+c+d)$이고, 또한 (도형수를 만드는 성질 4에 따라) $::n:i$다. 그러므로 (가정에 따라) $(n-r)i=nh=(r+1)(e+f+g+h)$다.

또한 $(n-r):(r+1)::(e+f+g+h):i$이고 더한 비율[24]에 따라 $(n+1):(r+1)::(e+f+g+h+i):i$, 즉

---

24) (Sylla, p. 211) 유클리드의 《원론(Elements)》 제5권, 정의 14를 보라. "더한 비율"이란 "전항과 후항을 같이 더한 것과 원래 후항과의 관계"라고 되어있다. T. H. Heath, ed., 《The Thirteen Books of Euclid's

$(e+f+g+h+i):(n+1)i::1:(r+1)$이 된다. 증명 끝.

이 보조정리들을 일전에 내 동생에게 보여 주었더니, [페이지 93] 그는 아래처럼 마지막 세 보조정리를 하나로 합쳐서 더 간략히 증명할 수 있다고 했다.

보조정리 5. 도형수 표에서 어떤 열의 처음부터 시작하여 항을 더한 것과, 그 항들 중 가장 큰 항을 모두 일정한 값으로 가지면서 개수는 앞의 것과 동일한 항들을 합한 것의 비가 항상 $1:r$이라 하자. 그러면 그다음 열에 있는 항들의 합과, 그 항들 중 가장 큰 항을 모두 일정한 값으로 가지면서 개수는 앞의 것과 동일한 항들을 합한 것은 그 비가 $1:(r+1)$일 것이다.

증명. 이웃하는 두 열의 항이 $a.b.c.d$ 등과 $0.g.h.i$ 등이라 하고, 앞 열의 항이 n개, 뒤 열의 항이 $n+1$개라고 하자.

Elements》, Vol. 2, p. 115.

(옮긴이 주) 영국 수학사학자인 히스(Heath)의 해설서는 국내에도 번역되어 있는데, 이 부분은《기하학 원론 나: 비율, 수(제5~9권)》(이무현 옮김, 교우사, 1998) 제5권의 37~38쪽에서 찾을 수 있다. 그 요지는 A+B:B=C+D:D이면 A:B=C:D라는 것이다.

$$n \left\{\begin{matrix} a & 0 \\ b & g \\ c & h \\ d & i \\ e & l \\ f & p \\ & q \end{matrix}\right\} n+1$$

먼저 가정과 도형수 만들 때의 성질 4에서

$$\begin{aligned} & q+p+l+i+h+g+0 \\ = & \frac{nf}{r}+\frac{(n-1)e}{r}+\frac{(n-2)d}{r}+\frac{(n-3)c}{r} \\ & +\frac{(n-4)b}{r}+\frac{(n-5)a}{r} \\ = & \frac{n(f+e+d+c+b+a)-e-2d-3c-4b-5a}{r} \\ = & \frac{nq-p-l-i-h-g}{r} \end{aligned}$$

따라서

$$\begin{aligned} & rq+r(p+l+i+h+g) \\ = & nq-p-l-l-i-h-g, \\ & (r+1)(p+l+i+h+g) \\ = & nq-rq \end{aligned}$$

이 식의 양변을 $(r+1)$으로 나누면 다음을 얻는다.

$$(p+l+i+h+g)=\frac{nq-rq}{r+1}$$

양변에 q를 더하면 다음과 같이 증명이 끝난다.

$$q+p+l+i+h+g=\frac{nq-rq}{r+1}+q=\frac{(n+1)q}{r+1}$$

즉

$$(g+h+i+l+p+q):(n+1)q::1:(r+1)$$

증명 끝.

기본정리(Principal Proposition). 도형수 표에서 0으로 시작하는 항들의 합과, 그 항의 수만큼 마지막 항을 합한 것의 비는 일정하다. 또 1부터 시작하는 항을 원하는 개수만큼 더한 것과 그 마지막 항의 다음 항을 항의 수만큼 합한 것의 비는 일정하다. 첫째 열(모두 1)에서는 그 비가 1:1이고 둘째 열(모서리수)에서는 1:2, 셋째 열(삼각수)에서는 1:3, 넷째 열(피라미드수)에서는 1:4, 일반적으로 어느 열에서든 그 비는 1:열의 번호다.

증명 I. 첫째 열은 따름정리 1에 따라 자명하다. 둘째, 셋째, 넷째 열은 그다음 보조정리에 따라 역시 자명하다. 첫째 열에서 항을 어떤 개수만큼 합한 것과 그 마지막 항을 모두 같은 값으로 해서 앞에 있는 일련의 수의 개수만큼 합한 것의 비는 1:1이기 때문에, 보조정리들에 따라 둘째 열에서 그 비는 1:(1+1)=2, 그리고 [페이지 94] 둘째 열에서 그 비가 1:2이기 때문에, 셋째 열에서는 1:(2+1)=3, 그리고 넷째 열에서는 1:(3+1)=4, 다섯째 열에서는 1:(4+1)=5, 그리고 일반적으로 c째 열에서는 1:c다.

증명 II. 앞의 마지막 보조정리에서 언급한 $1:r+1$은 여기서 1:c라는 비로 불리므로 $r=c-1=c$째 열의 처음에 있는 0의 개수다(성질 1로부터). 그리고 그 보조정리에서 $g+h+i+l+p=\frac{(n-r)q}{(r+1)}=\frac{(n-r)q}{c}$라는 방정식을 얻었으므로 $\frac{(g+h+i+l+p)}{q(n-r)}=\frac{1}{c}$이다. 여기서 $g+h+i+l+p$는 n개 항의 합이고, $(n-r)$은 그러한 항의 수에서 0의 개수를 뺀 것이다. 다시 말해서 1부터 시작하는 항들을 어떤 개수만큼 더한 것과 그 항들의 바로 다음 항을 모두 같은 값으로 갖는 항들의 합은 비가 1:c다.

따름정리. 방금 보인 성질에서 원하는 어떤 항을 구하거나, 또는 어떤 열에 있는 항의 합을 구하기가 쉬워졌다. 여러 인접하는 열들에서 똑같이 처음부터 n개 항을 고른다고 하자. 그러면 성질 1에 따라 (0을 제외하고) 1부터 헤아리면 그 수가 둘째 열에서는 $n-1$개, 셋째 열에서는 $n-2$개, 넷째 열에서는 $n-3$개 등이 될 것이다. 이렇게 둔 다음 이 방법으로 얻을 수 있는 것을 설명하겠다. 첫째 열에서 n개 항의 합은 분명 1이 n개, 다른 표현으로는 $\frac{n}{1}$인데, 이는 둘째 열의 $(n+1)$째 항과 같다. 즉 도형수 표의 성질 4에 따라 둘째 열의 n번째 항 아래에 오는 항과 같을 것이다. 그러므로 그 항의 반에 $n-1$(둘째 열에서 1부터 시작하는 항의 개수)을 곱한 것, 즉 $\frac{n(n-1)}{(1 \cdot 2)}$이 성질 12에 따라 둘째 열에 있는 항의 합과 같고 동시에 성질 4에 따라 셋째 열에서 n번째 항 아래에 오는 항과 같다. 마찬가지로 그 항의 3분의 1에 $n-2$(셋째 열에서 1부터 시작하는 항의 수)를 곱한 것, 즉 $\frac{n(n-1)(n-2)}{(1 \cdot 2 \cdot 3)}$는 성질 12에 따라 셋째 열에 있는 항의 합과 같고 동시에 성질 4에 따라 넷째 열에서 n번째 항 아래에 오는 항과 같다. 또 그 항의 4분의 1에 $n-3$(넷째 열에서 1부터 시작하는 항의 수)을 곱한 것, 즉 $\frac{n(n-1)(n-2)(n-3)}{(1 \cdot 2 \cdot 3 \cdot 4)}$는 성질 12에 따라 넷째 열에 있는 항의 합과 같고 동시에 다섯째 열에서 n번째 항 아래에 오는 항과 같다. 그리고 또 그 항의 5분의 1에 $n-4$를 곱한 것, [페이지 95] 즉 $\frac{n(n-1)(n-2)(n-3)(n-4)}{(1 \cdot 2 \cdot 3 \cdot 4 \cdot 5)}$는 성질 12에 따라 다섯째 열에 있는 항의 합과 같고 동시에 여섯째 열에서 n번째 항 아래에 오는 항과 같다. 그다음에도 순서대로 위와 같은 공식이 성립한다.

그러므로 이로부터 첫째 열의 처음 n개 항의 합은 $\frac{n}{1}$, 둘째 열의 합은 $\frac{n(n-1)}{(1 \cdot 2)}$, 셋째 열의 합은 $\frac{n(n-1)(n-2)}{(1 \cdot 2 \cdot 3)}$, 넷째 열의 합은 $\frac{n(n-1)(n-2)(n-3)}{(1 \cdot 2 \cdot 3 \cdot 4)}$, 다섯째 열의 합은 $\frac{n(n-1)(n-2)(n-3)(n-4)}{(1 \cdot 2 \cdot 3 \cdot 4 \cdot 5)}$다. 그리고 일반적으로 c째 열의 합은

$$\frac{n(n-1)(n-2)(n-3)(n-4)\cdots(n-c+1)}{1 \cdot 2 \cdot 3 \cdot 4 \cdot 5 \cdots c}$$

이다. 그리고 이것들은 모두 그다음 열에서 $(n+1)$째 항이므로 그 열에서 마지막 n째 항을 구하려면 식에서 n을 $n-1$로 바꾸면 된다. 그 결과는 둘째 열에서는 $\frac{(n-1)}{1}$, 셋째 열에서는 $\frac{(n-1)(n-2)}{(1 \cdot 2)}$, 넷째 열에서는 $\frac{(n-1)(n-2)(n-3)}{(1 \cdot 2 \cdot 3)}$이고 다섯째 열에서는 $\frac{(n-1)(n-2)(n-3)(n-4)}{1 \cdot 2 \cdot 3 \cdot 4}$이며, 일반적으로 c째 열에서는

$$\frac{(n-1)(n-2)(n-3)(n-4)\ \dots\ (n-c+1)}{1\cdot 2\cdot 3\cdot 4\cdot 5\ \dots\ (c-1)}$$

이다.

주 : 말이 난 김에 살펴보자면 도형수에 대해 깊이 생각한 사람들이 많았는데 울름(Ulm)의 파울하버와 레멜린, 월리스, 《로그술(Logarithmotechnia)》를 쓴 메르카토어, 프레스테, 그 외에도 여러 사람이 있었다.[25] 그렇지만 나

---

25) 여기서는 본문에 언급된 인물 가운데 베르누이 수와 직접 관계가 있는 파울하버에 대해서만 조금 상세히 살펴보기로 한다. 요한 파울하버(Johann Faulhaber, 1580～1635)는 독일의 수학자로서 당대에는 울름의 위대한 산술가(Great Arithmetician of Ulm)라고 불렀지만 오늘날에는 거의 잊힌 인물이다. 정수를 거듭제곱한 것의 합 $s_n = \sum_{p=1}^{n} k^p$을 n의 다항식으로 나타내는 방법에 대한 연구를 1631년에 발표했는데 거기에는 나중에 '베르누이 수'라고 불릴 중요한 결과가 이미 들어 있었다. '파울하버의 수'라고 불렀어야 될지도 모를 그 수에 붙은 베르누이 수라는 이름은, 파울하버의 연구가 나온 지 약 100년 뒤, 그리고 베르누이가 죽은 지 25년 뒤인 1730년에 드무아브르가 처음 붙인 것이다. 베르누이의 《추측술》 제2부와 관련해서는 Edwards, PAT 가운데 제10장을, 그리고 파울하버에 대한 최근 연구에 대해서는 그 책 139～140쪽을 보라. 또 여러 가지 유명한 수들과 함께 파울하버와 베르누이 수를 쉽게 설명한 것으로는 《수의 바이블》(존 콘웨이, 리처드 가이 지음, 이진주, 황용석 옮김, 한승, 2003; J. H. Conway, R. K. Guy, 《The Book of Numbers》, Springer, 1996)을 보라.
본문에 언급된 나머지 사람들 중 요한 루트비히 레멜린(Johann

는 이 성질을 일반적이고 과학적으로 보여 준 사람은 아무도 없다고 알고 있다. 월리스는《무한의 산술(Arithmetica Infinito- rum)》에서 자신이 쓴 방법의 기초를 논하기 시작할 때 자연수의 제곱, 세제곱, 그리고 다른 거듭제곱으로 된 급수와, 길이는 같지만 모든 항이 그 급수의 항들 중 가장 큰 항으로 된 급수의 비에 대해 귀납적으로 연구했다. 그때 그는 정리 176에서 삼각수, 피라미드수, 그리고 다른 도형수도 다루었다. 하지만 그가 순서를 바꾸어서 먼저 도형수에 대해 보편적이면서도 세심하게 보여 준 다음에 거듭제곱한 수들의 합을 연구하는 방향으로 나아갔더라면 보다 만족스럽고 이 문제의 성격에도 더 적절한 연구가 되었을 것이다. 귀납적으로 증명하는 방식이 충분히 과학적이지 못하며 더욱이 어떤 급수에 대해 추가적인 작업이 필요하다는 사실 말고도, 당연히 (거듭제곱과 비교할 때

Ludwig Remmelin, 1583~1632)은 독일 수학자였고, 존 월리스(John Wallis, 1616~1703)는 저명한 영국 수학자였다. 또한 니콜라우스 메르카토어(Nicolaus Mercator, 1620~1687)는 독일 태생으로 영국에서 살았던 수학자로서 본문에서 언급된 책(1668년 출판)에서 $\log(x+1)$의 급수전개식을 소개한 인물이다. 장 프레스테(Jean Prestet, 1648?~1690)는 프랑스의 수학자로서 1675년 《수학의 원리(Elementa Mathematica)》를 발표했는데 나중에 드무아브르가 이 책으로 수학을 공부하기도 했다고 한다.

도형수가 나오듯이) 더 간단하고 그 본성에서 다른 것보다 앞서는 것이 먼저 나와야만 한다는 데는 누구도 이견이 없을 것이다. [페이지 96] 이는 도형수들은 덧셈으로 만들어졌지만 거듭제곱은 곱셈으로 만들어졌으며, 다른 무엇보다도 특별히 0으로 시작되는 여러 도형수들의 급수와, 모든 항이 같은 급수의 비는 정수의 역수 모양이 되기 때문이다. 그런데 거듭제곱의 급수는 급수의 앞에 0이 몇 개 있든 상관없이 항상 $1:k$와 같은 비를 만들기에는 크거나 모자라기 때문에 그런 비를 (적어도 유한한 항에서는) 갖지 않는다. 그 밖에, 알고 있는 도형수의 합에서 거듭제곱의 합을 알아보는 것은 월리스가 그 순서를 거꾸로 연구했던 것보다 어려울 것이 없다. 그 방법을 보여 주겠다.

자연수가 1.2.3.4.5 등부터 n까지 있고 그들의 합, 그들의 제곱의 합, 세제곱의 합 등을 구하려 한다. 조합표에서 둘째 열의 일반항은 $n-1$이고,[26] 모든 항의 합, 즉 $n-1$의 합[27] $\sum(n-1)$은[28] 앞에 나온 보조정리로부터

---

26) 둘째 열은 0, 1, 2, 3, …으로 이루어진 열로서 n째 행에 $(n-1)$이 나타난다.

27) 여기서 $\sum(n-1)$이 뜻하는 것은 $0+1+2+\cdots+(n-1)=\sum_{k=1}^{n}(k-1)$이다. 그러므로 $\sum n$은 $1+2+\cdots+n=\sum_{k=1}^{n}k$을 뜻하고, $\sum n^c$은

$\frac{n(n-1)}{(1 \cdot 2)} = \frac{(nn-n)}{2}$이므로, 합 $\sum(n-1)$, 또는 $\sum n - \sum 1$은 $\frac{(nn-n)}{2}$, 그리고 $\sum n = \frac{(nn-n)}{2} + \sum 1$ 이다. 그런데 $\sum 1$은 모두 같은 1을 합한 것이므로 n이 된다. 따라서 n을 다 합한 것 $\sum n = \frac{(nn-n)}{2} + n = (\frac{1}{2})nn + (\frac{1}{2})n$이다. 또 한 같은 따름정리에서 셋째 열의 일반항[29]은 $\frac{(n-1)(n-2)}{(1 \cdot 2)} = \frac{(nn-3n+2)}{2}$가 되고, 모든 항(즉 모든 $\frac{[nn-3n+2]}{2}$)의 합은 $\frac{n(n-1)(n-2)}{(1 \cdot 2 \cdot 3)} = \frac{(n^3-3nn+2n)}{6}$이 되므로, $\sum \frac{(nn-3n+2)}{2} = \sum(\frac{1}{2})nn - \sum(\frac{3}{2})n +$

$1^c + 2^c + \cdots + n^c = \sum_{k=1}^{n} k^c$을 뜻한다. 아래에서도 모두 마찬가지이므로 주의해서 읽어야 한다.

28) (Sylla, p. 215) 1713년에 출판된 베르누이의 《추측술》에서는 $\sum$가 아니라 $\int$ 기호로 합을 나타냈지만 이 번역에서는 합을 $\sum$ 기호로 나타낸다.

29) 둘째 열을 n 행까지 합한 것이 $\frac{n(n-1)}{1 \cdot 2}$ 인데 이 값이 셋째 열의 $(n+1)$째 행에 있게 되므로 셋째 열의 n 째 행은 $\frac{(n-1)(n-2)}{1 \cdot 2}$ 가 된다.

$\sum 1 = \frac{(n^3 - 3nn + 2n)}{6}$, $\sum(\frac{1}{2})nn = \frac{(n^3 - 3nn + 2n)}{6} + \sum(\frac{3}{2})n - \sum 1$이다.

그런데 $\sum(\frac{3}{2})n = (\frac{3}{2})\sum n = (\frac{3}{4})nn + (\frac{3}{4})n$이다. 그리고 $\sum 1 = n$이다. 따라서 이 결과를 앞의 방정식에 대입하면, $\sum(\frac{1}{2})nn = \frac{(n^3 - 3nn + 2n)}{6} + \frac{(3nn + 3n)}{4 - n} = (\frac{1}{6})n^3 + (\frac{1}{4})nn + (\frac{1}{12})n$이 되고, 이것을 두 배하면 $\sum nn = (\frac{1}{3})n^3 + (\frac{1}{2})nn + (\frac{1}{6})n$이다. 또한 넷째 열의 n째 항이 $\frac{(n-1)(n-2)(n-3)}{(1 \cdot 2 \cdot 3)} = \frac{(n^3 - 6nn + 11n - 6)}{6}$, 모든 항의 합이 $\frac{n(n-1)(n-2)(n-3)}{(1 \cdot 2 \cdot 3 \cdot 4)} = \frac{(n^4 - 6n^3 + 11nn - 6n)}{24}$이므로, [페이지 97] $\frac{\sum(n^3 - 6nn + 11n - 6)}{6} = \sum(\frac{1}{6})n^3 - \sum nn + \sum(\frac{11}{6})n - \sum 1 = \frac{(n^4 - 6n^3 + 11nn - 6n)}{24}$이다. 그리하여 $\sum(\frac{1}{6})n^3 = \frac{(n^4 - 6n^3 + 11nn - 6n)}{24} + \sum nn - \sum(\frac{11}{6})n + \sum 1$이 된다. 그리고 바로 앞에서 보였듯이

$\sum nn = (\frac{1}{3})n^3 + (\frac{1}{2})nn + (\frac{1}{6})n$, 그리고 $\sum(\frac{11}{6})n = (\frac{11}{6})\sum n = (\frac{11}{12})nn + (\frac{11}{12})n$, 그리고 $\sum 1 = n$이므로, 이 결과들을 위의 식에 대입하면 다음과 같다.

$$\begin{aligned}\sum(\frac{1}{6})n^3 &= \frac{(n^4 - 6n^3 + 11nn - 6n)}{24} + (\frac{1}{3})n^3 + (\frac{1}{2})nn \\ &\quad + (\frac{1}{6})n - (\frac{11}{12})nn - (\frac{11}{12})n + n \\ &= (\frac{1}{24})n^4 + (\frac{1}{12})n^3 + (\frac{1}{24})nn\end{aligned}$$

따라서 이것을 여섯 배하면 그 결과는 (세제곱의 합은) $\sum n^3 = (\frac{1}{4})n^4 + (\frac{1}{2})n^3 + (\frac{1}{4})nn$이 된다. 그리고 더 높은 차수의 거듭제곱에 대해서도 결과를 구해 보면 쉽게 다음 표를 만들 수 있을 것이다.

거듭제곱의 합[30)]

$$\sum n \; = (\frac{1}{2})nn + \frac{1}{2}n.$$

$$\sum nn = (\frac{1}{3})n^3 + (\frac{1}{2})nn + (\frac{1}{6})n.$$

$$\sum n^3 = (\frac{1}{4})n^4 + (\frac{1}{2})n^3 + (\frac{1}{4})nn.$$

$$\sum n^4 = (\frac{1}{5})n^5 + (\frac{1}{2})n^4 + (\frac{1}{3})n^3 \quad \star - (\frac{1}{30})n.$$

---

30) (Sylla, p. 215) $\sum n^9$에 대한 식에서 맨 마지막의 $\frac{1}{12}$은 $\frac{3}{20}$이 옳다(Edwards, PAT, 127～128쪽을 보라). 별표(★)는 다항식에서 그 차수의 항이 없음을 나타낸다.
(옮긴이 주) (Sylla, p. 215)의 하단에 있는 식 가운데 다섯째 줄에서는 연산기호(−)가 빠졌고, 마지막 줄에서는 별표가 빠져 있는데 이 번역에서는 고쳤다.

$$\sum n^5 = (\frac{1}{6})n^6 + (\frac{1}{2})n^5 + (\frac{5}{12})n^4 \;\star - (\frac{1}{12})nn.$$

$$\sum n^6 = (\frac{1}{7})n^7 + (\frac{1}{2})n^6 + (\frac{1}{2})n^5 \;\star - (\frac{1}{6})n^3 \;\star + (\frac{1}{42})n.$$

$$\sum n^7 = (\frac{1}{8})n^8 + (\frac{1}{2})n^7 + (\frac{7}{12})n^6 \;\star - (\frac{7}{24})n^4 \;\star + (\frac{1}{12})nn.$$

$$\sum n^8 = (\frac{1}{9})n^9 + (\frac{1}{2})n^8 + (\frac{2}{3})n^7 \star - (\frac{7}{15})n^5 \;\star + (\frac{2}{9})n^3 \star - (\frac{1}{30})n.$$

$$\sum n^9 = (\frac{1}{10})n^{10} + (\frac{1}{2})n^9 + (\frac{3}{4})n^8 \star - (\frac{7}{10})n^6 \;\star + (\frac{1}{2})n^4 \star - (\frac{1}{12})nn.$$

$$\sum n^{10} = (\frac{1}{11})n^{11} + (\frac{1}{2})n^{10} + (\frac{5}{6})n^9 \star - 1n^7 \;\star + 1n^5 \;\star - (\frac{1}{2})n^3 \;\star + (\frac{5}{66})n.$$

하지만 이 속에 있는 수열의 법칙을 주의 깊게 살펴본 사람이면 이처럼 계산하느라 멈추는 일 없이 누구나 이 표를 계속 이어갈 수 있을 것이다. 왜냐하면 거듭제곱의 차수를 c라고 할 때 모든 n^c의 합은 다음과 같기 때문이다.[31)]

$$\sum n^c = \frac{1}{c+1}n^{c+1} + \frac{1}{2}n^c + \frac{c}{2}An^{c-1}$$

$$+ \frac{c(c-1)(c-2)}{2 \cdot 3 \cdot 4}Bn^{c-3}$$

$$+ \frac{c(c-1)(c-2)(c-3)(c-4)}{2 \cdot 3 \cdot 4 \cdot 5 \cdot 6}Cn^{c-5}$$

$$+ \frac{c(c-1)(c-2)(c-3)(c-4)(c-5)(c-6)}{2 \cdot 3 \cdot 4 \cdot 5 \cdot 6 \cdot 7 \cdot 8}Dn^{c-7}$$

$$\cdots$$

거듭제곱 항의 차수는 n 또는 nn이 될 때까지 연속적으로 2씩 내려간다. 대문자 A, B, C, D 등은 $\sum nn, \sum n^4, \sum n^6, \sum n^8$등에서 마지막 계수를 나타내는데, 실제로 그

---

31) 정수를 거듭제곱한 것의 합을 구하는 것은 다항식으로 표현되는 곡선 아래의 면적을 구하는 데 필요했기 때문에 페르마와 파스칼도 해법을 연구했던 문제였다. 하지만 여기에 나타난 것처럼 명확하게 하나의 식으로 그 합을 표현한 사람은 베르누이가 최초였다(Hald, HPS, p. 43, pp. 52~53, pp. 232~233).

값은 $A=\frac{1}{6}$, [페이지 98] $B=-\frac{1}{30}$, $C=\frac{1}{42}$, $D=-\frac{1}{30}$ 등이다. 그런데 각 계수들은 순서대로 합하면 1이 되도록 되어있다. 따라서 $\frac{1}{9}+\frac{1}{2}+\frac{2}{3}-\frac{7}{15}+\frac{2}{9}+D=1$ 또는 $\frac{1}{9}+\frac{1}{2}+\frac{2}{3}-\frac{7}{15}+\frac{2}{9}-\frac{1}{30}=1$이므로 $D=-\frac{1}{30}$이 되는 것이다.[32] 이 표 덕분에 나는 7분 30초도 걸리지 않고도 1부터 1000까지 숫자들을 10제곱하여 모두 합하면 91,409,924,241,424, 243,424,241,924,242,500임을 계산할 수 있었다. 여기서 이스마엘 불리알두스의 책《무한의 산술(Arithmetica Infinitorum)》에 실린 것이 얼마나 쓸모없는 것인지 명확해진다. 그 책에서 그가 한 것이란 엄청난 노력을 기울여 처음 여섯제곱까지 구하는 것이었는데 그 정도는 우리가 단 한 페이지에 해치운 것의 일부에 지나지 않는다.[33]

이 장이 끝나기 전에 나는, 도형 급수에 대해 증명된 것

---

32) 이 숫자들이 바로 후대에 드무아브르와 오일러가 '베르누이 수(Bernoulli numbers)'라고 부르게 될 것들이다. 베르누이는 이 숫자들을 A, B, C 등으로 표현했지만 오늘날은 보통 그의 이름 첫 글자를 따서 B_2, B_4, B_6 등으로 표현한다.

33) (Sylla, p. 216) Ismaël Bullialdus, 《Opus novum ad Arithmeticam Infinitorum》(Paris, 1682).

들을 가정하고 도형수의 다른 유사한 급수들(가령 1차, 2차, 3차 등의 차분(difference)이 같은 것들, 그리고 어떤 급수의 같은 항을 연속으로 더해서 만들어진 것들)이 어떻게 상동인 도형수(homologous figurate numbers)가 되는지, 그리고 그와 같은 방식으로 어떻게 합을 구하거나 마지막 항을 구할 수 있는지 간단히 보이고 싶다. 첫 항은 임의로 d, c, b, a라 두고, 모두 같은 항으로만 된 급수를 D, 그리고 D의 항을 더해서 만든 급수를 C, 또 거기에 C의 항을 더해서 만든 급수를 B라 두고, 마지막으로 A는 B의 항을 더해서 만들었다고 하자. 급수 A는 도형수를 만드는 도형과 유사한 것이라고 부를 수 있는데 그 1차 차분을 취하면 B가 되고 2차 차분을 취하면 C, 삼차 차분은 D 등등이 된다.[34]

D	C	B	A
d	$c+d$	$b+c$	$a+b$
d	$c+2d$	$b+2c+d$	$a+2b+c$
d	$c+3d$	$b+3c+3d$	$a+3b+3c+d$
d	$c+4d$	$b+4c+6d$	$a+4b+6c+4d$
d	$c+5d$	$b+5c+10d$	$a+5b+10c+10d$

34) 오늘날 그레고리－뉴턴 공식(Gregory-Newton formula)이라고 불리는 식의 특수한 경우인데, 새로운 것은 아니고 베르누이의 연구가 나오기 이전에 이미 발표되었던 것이다.

급수 A는 1, 1, 1, 1 등으로 된 단위수열과, 1, 2, 3, 4 등으로 된 모서리수열, 1, 3, 6, 10 등으로 된 삼각수열, 1, 4, 10, 20 등으로 된 피라미드수열에 각각 a, b, c, d를 곱한 것으로 구성되어 있음은 분명하다. 이 모든 것들 중 마지막 항과 합은 앞서 말한 것에서 알 수 있다. [페이지 99] 그러므로 이 수열 A에서도 역시 마지막 항과 항의 합을 구할 수 있음은 명백하다. 항의 수가 n이라면 급수 A의 마지막 항은

$$a+(n-1)b+\frac{(n-1)(n-2)}{2}c+\frac{(n-1)(n-2)(n-3)}{2\cdot 3}d$$

다. 그리고 모든 항의 합은

$$na+\frac{n(n-1)}{2}b+\frac{n(n-1)(n-2)}{2\cdot 3}c+\frac{n(n-1)(n-2)(n-3)}{2\cdot 3\cdot 4}d$$

다.[35)]

35) 《추측술》 제2부의 제4~9장은 여러 가지 경우에 조합의 수를 구하는 내용인데 여기서는 번역하지 않았다.

제3부
제비를 뽑거나 운에 따르는 게임에서 다양한 방식으로 앞에 나온 이론을 이용하기[36)]

---

36) 제3부([페이지 139~210])는 모두 스물네 문제와 그 풀이로 이루어져 있는데, 그 문제들은 제1~2부에서 다룬 내용을 여러 가지 게임에 적용하는 것들이다. 따라서 전체적으로 그 속에 이론이나 방법론의 측면에서 새로운 내용이 담겨 있지는 않기 때문에 《추측술》 가운데 비교적 덜 중요한 부분으로 평가된다. 여기서는 자주 언급되는 편인 19번 문제만을 옮겼다.

[페이지 138] 제2부에서 순열과 조합에 대한 이론을 완전히 다루었으므로 제3부에서는 방법론적인 순서에 따라, 제비뽑기와 운에 따르는 게임에서 다양한 방식으로 그 이론을 충분히 활용하여 게임 참가자의 기댓값을 결정하는 문제를 설명한다. 이 연구의 일반적 기초는 게임에서 생길 수 있는 모든 조합과 순열을 알아본 다음, 어떤 게임 참가자에게 유리하거나 불리한 경우가 그중에서 얼마나 되는지 부지런히 살피는 것이다. 그러고 나면 제1부의 원리에 따라 나머지 문제는 다 해결된다. 그런데 이러한 기초를 특정한 게임에 적용하려면 상당히 많은 일이 필요하기 때문에 법칙보다는 예제를 통해 더 잘 배울 수 있을 것이다. 그래서 나는 독자들이 지루한 예비적인 설명을 읽느라 더 이상 지체하지 않고 바로 다음 문제들에 대한 풀이로 넘어갔으면 좋겠다. [페이지 139] 내가 제시하는 문제들은 거의 아무런 조건 없이 선택된 것들로서 단지 가까운 데서 얻은 것들인데 조합을 이용할 필요가 없는 더 쉬운 문제들도 앞에 있거나 섞여 있다.

문제 19

게임을 준비한 사람, 또는 지배인(도박에서 물주)[37]이 게임에서 이기는 경우의 수가 지는 경우의 수보다 조금 더 많으며 이어지는 게임에서 다른 사람에게 물주 자리를 넘겨주는 경우의 수보다 그가 그 자리에 있는 수가 약간 더 크기 때문에 물주 쪽이 보다 더 유리한 어떤 게임이 있다고 해 보자. 물주가 얼마나 유리한가?

주사위를 던질 때 물주가 이기는 경우의 수와 지는 경우의 수가 $p:q$라는 비를 이루며 p가 q보다 더 크다고 하자. 또 다음번 주사위를 던질 때 물주가 그 자리를 유지하는 경우의 수와 그 자리를 다른 도박꾼에게 넘기는 경우의 수가 $m:n$이라는 비를 이루며 m이 n보다 더 크다고 하자. 만일 그다음 게임들은 상관없고 단 한 게임만 따진다면 물주의 운은 당연히 $\frac{p}{(p+q)}$이고 상대방의 운은

---

37) 고스톱에서 이른바 '선을 잡는' 사람을 생각하면 되겠다. 이하 번역에서는 '물주'라고 옮긴다.

$\frac{q}{(p+q)}$이므로 그 비는 $p:q$다.[38] 하지만 그다음 게임들도 감안한다면 문제가 꽤 모호해져서 현재 게임에서 유리한 것과 다음 게임들에서 유리해질 것이라는 예상을 [페이지 183] 어떻게 함께 계산할 수 있을지 곧바로 알 수가 없고 세심하게 주의를 기울이지 않으면 금방 오류에 빠지게 된다. 이 문제에 대해 한때 내가 옳다고 여겼던 풀이는 다음과 같다. 만일 한 사람이 영원히 물주 역할을 한다면 그는 $p:q$라는 항상 똑같은 이점 또는 운을 가질 것이다. 따라서 그가 판돈을 잃어버릴 위험이 있을 때는 그만큼 그의 조건이 악화되었다고 명백히 판단해야 한다. 그의 조건을 x라 하고 상대방의 조건을 y라고 하자. 그러면 그가 1을 얻을 경우가 p, 0을 얻을 경우가 q이고, 물주로 남을 경우가 m, 그렇지 않을 경우가 n이므로 $x=\frac{(p+mx+ny)}{(p+q+m+n)}$다. 비슷한 방법으로 상대방의 운은 $y=\frac{(q+my+nx)}{(p+q+m+n)}$다. 이들을 비교하면 $x:y::(p+n):(q+n)$이 되는데 이 비는 앞서 말했듯이 $p:q$보다 작다.[39]

---

38) 여기서 '운'으로 옮긴 부분은 게임에 참가한 물주와 상대방이 각각 '이길 확률'을 뜻한다. 하지만 베르누이가 여기서 '확률' 대신 영어 'fortune'에 해당하는 라틴어 단어를 썼으므로 이 번역에서도 '운'으로 옮겼다.

한편 나는 다른 식으로도 생각해 보았다. 만일 판돈 가운데 물주의 몫이 $\frac{p}{(p+q)}$, 상대방의 몫이 $\frac{q}{(p+q)}$이고, 물주가 그 자리를 유지할 경우가 m가지, 그 자리를 다른 사람에게 넘겨줄 경우가 n가지라면 그의 운은

$$\frac{m(\frac{p}{p+q})+n(\frac{q}{p+q})}{m+n} = \frac{mp+nq}{(m+n)(p+q)}$$

가 될 것이며 상대방의 운은 $\frac{(mq+np)}{(m+n)(p+q)}$가 될 것이다. 이때 그들의 운의 비는 $(mp+nq):(mq+np)$가 되고 이 비는 앞에 나온 비 $(p+n):(q+n)$과는 다르기는 하지만 $p:q$보다는 작다. 그런데 이것이 내 결론이 될 수는 없었다. 물주 자리를 잃기보다 유지할 확률이 더 큰데도 물주가 더 유리해지기보다는 불리해진다는 것은 매우 역설적으로 보였고, 결국 위의 두 논증은 불합리하고 옳지 않은 것이라고 물리쳐야 했기 때문이다. 이런 이유로 한동안 나는 이와 같은 유리함은 $p:q$라는 비와 $m:n$이라는 비를 혼합하여 얻어야 할 것이라고 믿게 되었다. 그렇게 하면

---

39) (Sylla, p. 288) 이미 결과가 나온 뒤에 그 결과에 비교해서 하는 논의가 늘 그러하듯이, 베르누이가 처음 이 문제의 해결책으로 생각한 것에 대해 여기서 제시한 이론적인 설명은 불분명하다. 여하튼 베르누이는 이 방법을 버렸다.

물주의 운과 상대방 운의 비는 $pm : qm$이 되므로 $p : q$라는 비, 또는 $m : n$이라는 비 가운데 어느 쪽보다도 커진다. 하지만 이것도 역시 확실한 가치는 거의 없음을 알게 되었고 이 문제를 푸는 진짜 방법을 알고 나서는 정말로 이 방법이 옳지 않음을 알게 되었다. 그러나 나는 근거 없이 나온 주장이 어떤 것인지 설명하기보다는 더 이상 머뭇거리지 않고 진짜 방법을 설명하고 싶다. 그 방법이 내는 빛 앞에서 가짜 방법들이 내는 빛은 곧 흐려지고 말 것이다.

이 문제를 제대로 연구하려면 두 가지를 유념해야만 한다. 첫째, 제1부에 있는 정리 3의 따름정리 5에서 [페이지 184] 전체 판돈 중에서 물주의 몫이 얼마인지가 아니라 상대방의 돈 중에서 물주의 몫이 얼마인지를 알아야 한다. 이어질 각 게임에서 물주의 몫을 따로따로 구한 다음, 그 결과를 다 합치면 물주의 기댓값을 확실히 알게 된다. 모든 게임 참가자들은 주사위를 던질 때마다 진 사람이 이긴 사람에게 a를 주기로 약속했다고 해 보자. 그렇다면 물주는 맨 처음 던졌을 때 a를 받을 경우의 수가 p이고 질 경우의 수, 즉 $-a$를 받을 경우의 수가 q가 된다. 따라서 상대가 가진 돈에서 그가 얻을 몫은

$$\frac{p(a)+q(-a)}{p+q} = \frac{pa-qa}{p+q}$$

다. 여기서 $p-q=r$, 그리고 $p+q=s$라고 둔다면 몫은 $\frac{ar}{s}$가 된다. 마찬가지 방법으로 상대방은 a를 얻을 경우가 q, 잃을 경우가 p이므로 상대방이 얻을 몫은 $-\frac{ar}{s}$가 된다. 또한 물주는 처음 던진 뒤 물주의 특권을 유지할 경우가 m가지인데 그렇게 되면 그는 두 번째 던졌을 때 $\frac{ar}{s}$를 얻을 것이다. 그리고 그가 물주 자리를 놓칠 경우가 n가지인데 이렇게 되었을 때 그는 두 번째 게임에서 $-\frac{ar}{s}$를 얻는다. 그러므로 물주는 두 번째 던질 때 상대방의 돈 a 중

$$\frac{m(\frac{ar}{s})+n(-\frac{ar}{s})}{m+n}=\frac{mar-nar}{(m+n)s}=\frac{art}{sv}$$

(여기서 $m-n=t$, $m+n=v$)만큼을 얻는다. 한편 상대방은 물주로부터 $-\frac{art}{sv}$를 얻을 것인데 부호가 음이므로 물주에게 그만큼 빚지게 되는 셈이다. 비슷한 방법으로 처음 던질 때 $m+n$가지 경우 가운데 그 결과에 따라 물주가 그대로이거나 바뀌게 되는 것처럼, (두 번째 던질 때 구한 것과 마찬가지로) 세 번째 던질 때 상대방의 돈 a 중에서 물주가 얻는 것은 바로 앞에서 보인 것처럼

$$\frac{m(\frac{art}{sv})+n(-\frac{art}{sv})}{m+n}=\frac{(m-n)art}{(m+n)sv}=\frac{artt}{svv}$$

만큼이다. 반대로 상대방이 얻는 것은 $-\frac{artt}{svv}$다. 그러므로 더 나아가 앞서와 같은 이유로 (두 번째 던질 때 구한 것과 마찬가지로) 네 번째 던질 때 상대방의 돈 가운데 물주가 얻는 것은

$$\frac{m(\frac{artt}{svv})+n(-\frac{artt}{svv})}{m+n} = \frac{art^3}{sv^3}$$

가 된다. 그리고 다섯 번째는 $\frac{art^4}{sv^4}$, 그 이후도 비슷한 모양이며 상대방 역시 $-\frac{art^3}{sv^3}, -\frac{art^4}{sv^4}$ 등등이다. 따라서 개개의 게임에서 물주가 얻는 것들을 모두 합한 총 기댓값은 [페이지 185] $\frac{ar}{s}+\frac{art}{sv}+\frac{artt}{svv}+\frac{art^3}{sv^3}+\frac{art^4}{sv^4}$ 등등이다. 즉, 공비가 $v:t$인 등비급수로 표현되며 더하는 항의 수는 게임 참가자들이 처음에 합의한 게임 수까지다. 그렇지 않으면 게임이 미리 끝날 수도 있다. 이 숫자를 z라고 하면 급수의 마지막 항은 $\frac{art^{z-1}}{sv^{z-1}}$이며 모든 급수의 합은 다음과 같다.

$$\frac{ar}{s}\times\frac{v-(\frac{t^z}{v^{z-1}})}{v-t}=\frac{ar}{s}\times\frac{(m+n)-(\frac{t^z}{v^{z-1}})}{2n}$$

따름정리 1. 만일 m과 n의 차이가 아주 작아서 $\frac{t}{v}$도 아주 작다면, 또는 적어도 게임의 수 z가 매우 크다면 게임 수 z가 하나씩 증가하면 v와 t에 비례해서 $\frac{t^z}{v^{z-1}}$이 무시할 만큼 작아지므로 합한 결과를 $\frac{ar}{s}$ 곱하기 $\frac{(m+n)}{2n}$으로 써도 뚜렷한 차이가 생기지는 않는다. 그러므로 물주가 누리는 전체 특권은 맨 첫 번째 게임에서 그가 얻는 $\frac{ar}{s}$에 비례하며 대략 그 값에 $\frac{(m+n)}{2n}$을 곱한 값과 같다.

따름정리 2. 만일 짧은 시간 동안 많은 게임을 할 수 있는 게임에서 물주가 도중에 게임을 중단하고 그가 가진 특권을 다른 사람에게 팔고 싶어 한다면 물주가 받을 수 있는 금액은 $\frac{ar}{s}\cdot\frac{(m+n)}{2n}$이다. 하지만 만일 그가 게임은 계속하지만 물주로서의 지위만은 다른 사람에게 넘기려 한다면 그 지위를 받는 사람은 물주였던 사람에게 앞의 금액을 두 배한 $\frac{ar}{s} \cdot \frac{(m+n)}{n}$을 줄 것이다. 그 이유는 즉시 게임을 모두 끝내려면 새로 물주가 되는 사람은 이전 물주에게 $\frac{ar}{s} \cdot \frac{(m+n)}{2n}$을 줄 것이고 다시 게임을 재개하여 물주를 바꾸려면 역시 같은 금액을 줘야 하기 때문이다.

따름정리 3. 만일 $m=p, n=q$라면 $\frac{ar}{s} \cdot \frac{(m+n)}{2n}$의 값은 $\frac{a(p-q)}{2q}$가 되고 그 두 배 $\frac{ar}{s} \cdot \frac{(m+n)}{n}$은 $\frac{a(p-q)}{q}$가 된다.

제4부
지금까지의 이론을 사회, 도덕, 경제 문제에 활용하고 응용하기[40]

40) 제4부의 제1장부터 제3장까지는 '확률'을 비롯한 용어를 정의하고 소개하는 부분이고 제4부의 핵심은 제4장과 제5장이다. 제4장에서는 실험에서 나올 수 있는 경우의 수가 사전뿐 아니라 사후에도 정의될 수 있다는 주장이, 그리고 마지막 장인 제5장에서는 베르누이의 정리, 즉 '큰 수의 약한 법칙'이 들어 있다(Sylla, p. 88).

제1장
어떤 것의 확실성, 확률, 필연성, 우연성에 대한 몇 가지 예비적인 설명

어떤 것의 **확실성**이란 그 자체로서 **객관적**으로 생각할 수도 있고 또는 우리들과 맺는 관계 속에서 **주관적**으로 생각할 수도 있다. 객관적으로 볼 때 확실성이란 단지 무엇이 현재나 미래에 존재한다는 것이 진실한가를 뜻할 뿐이다. 주관적으로 보았을 때 확실성은 이러한 진실성에 대해 우리가 알고 있는 정도를 뜻한다.

태양 아래 모든 것은 본원적으로, 그리고 객관적으로 최고의 확실성을 가졌거나, 갖고 있거나, 가질 것이다. 이는 현재와 과거의 사건에 대해 명백하다. 왜냐하면 그것이 지금 존재하거나 과거에 존재했다는 바로 그 사실 때문에 지금 존재하지 않거나 과거에 존재하지 않았을 수가 없기 때문이다. 또한 미래의 사건 역시 마찬가지다. 그것이 비록 불가피한 필연성에 의한 것이 아니더라도 신의 뜻에 따라 예견되거나 예정되어 있기 때문에 당연히 미래에 존재해야 한다. 만일 미래에 있어야 할 사건이 미래에 일어난다는 것이 확실하지 않다고 해 보자. [페이지 211] 그렇다면 가장 높으신 창조주의 전지전능함을 모두가 찬양하는 일은 없었을 것이다. 물론 이와 같은 미래 사건의 확실성이 어떻게 제2차적 원인들이 우연히 독립적으로 작용하는 것과 배치되지 않을 수 있는가라고 물을 수 있는데 그 문제는 여기서 우리가 거론할 주제를 벗어난 문제다.

다음으로 우리들과 맺는 관계 속에서 사물이 갖는 주관적인 확실성은 모든 것들에 대해 한결같은 것이 아니고 커지거나 작아지는 식으로 다양하게 변한다. 계시나 이성, 감각, 경험, 직접적인 관찰 또는 다른 이유 때문에 그 존재나 그 일이 미래에 일어날 것에 대해 의심할 수 없는 것은 최고의 절대적인 확실성을 갖는다. 그렇지 않은 것들은 확률을 갖는데 그 확률이 크고 작음에 따라 우리는 현재, 미래 또는 과거에 그 사건의 발생에 대한 믿음을 갖게 된다. 우리 마음속에서 그러한 사건들은 확률의 크기에 비례하는 덜 완전한 확실성을 갖게 된다.[41)]

---

41) 모두 네 부로 이루어진 《추측술》 가운데 "확률"이라는 용어는 제4부에 와서야 정의되고 본격적으로 논의된다. 즉 베르누이는 그가 이 책의 제3부까지 다룬 우연에 따른 게임, 즉 도박에서 나오는 사건들에 대해서는 확률이라는 용어를 적용하지 않았던 것이다. 이 책의 제1부에서 보았듯이 하위헌스와 베르누이가 도박 문제를 다루는 핵심 키워드로 사용한 용어는 '기댓값'이었다. 제4장의 설명과 더불어 베르누이가 예로 들고 있는 '어떤 사람이 범죄자일 확률'과 같은 경우에서 알 수 있

확률은 확실성의 정도인데(probability is degree of cer- tainty) 확률과 확실성 사이의 차이란 부분과 전체의 차이와 같다. 예를 들어 우리가 완전하고 절대적인 확실성을 '*a*'라는 글자나 1이라는 숫자로 나타낸다고 하자. 만일 완전한 확실성이 다섯 개의 부분 또는 확률로 이루어지는데 그 중 셋은 어떤 결과가 지금 또는 미래에 일어나는 쪽, 둘은 일어나지 않는 쪽을 뒷받침한다고 해 보자. 그렇다면 그 사건은 $(\frac{3}{5})a$ 또는 $\frac{3}{5}$이라는 확실성을 갖는다고 말할 것이다.

일상 언어에서는 어떤 사건의 확률이 확실성의 2분의 1보다 뚜렷이(markedly, notably) 큰 사건을 있음 직하다(probable)고 하는데, 우리는 어떤 사건이 다른 사건보다 확실성이 더 크면 그 사건은 **더 있음 직하다(more probable)**고 부를 것이다. 내가 여기서 **'뚜렷이'**라고 한 까닭은 확률이 대략 확실성의 절반 정도인 사건은 **의심스러운(doubtful)** 또는 미정(undecided, indefinite)이라고 부르기 때문이다. 따라서 둘 다 단정적으로까지 있음 직하

듯이 그는 확률이라는 용어를 어떤 사건이나 의견 등이 얼마나 확실한가(degree of certainty)를 나타내는 용어로 썼다. 즉 그는 인식론적인 의미로만 이 단어를 생각했던 것이다.

지는 않지만 5분의 1의 확실성을 가진 사건이 10분의 1의 확실성을 가진 사건보다 더 있음 직하다.

확실성이 없거나 무한히 작으면 그 사건은 불가능하다(impossible)고 하고 확실성이 매우 작더라도 그 사건은 **가능하다(possible)**고 한다. 따라서 20분의 1이나 30분의 1의 확실성을 갖는 사건은 가능한 사건이다.

어떤 사건이 완전한 확실성과 차이를 알 수 없을 정도로 확실성에 근접하는 확률을 가지면 그 사건은 **개연적으로 확실(morally certain)**하다고 하고, 반대로 어떤 사건의 확실성이 완전한 확실성과 개연적 확실성의 차이만큼밖에 안 된다면 그 사건은 **개연적으로 불가능(morally impossible)**한 사건이라고 부른다. 따라서 1000분의 999의 확실성을 갖는 사건은 개연적으로 확실한 사건이고 [페이지 212] 1000분의 1의 확실성을 갖는 사건은 개연적으로 불가능한 사건이 된다.[42]

---

42) 즉 베르누이는 여기서 완전성의 정도를 impossible<morally impossible<possible<probable<morally certain<completely certain으로 등급을 매겼다. possible, probable, morally certain과 같은 용어를 구분해서 우리말로 옮기기는 쉽지 않다. 여기서는 possible은 '가능한'으로, probable은 '있음 직한'으로 morally certain은 '개연적으로 확실한'으로 옮겼다.

어떤 것이 현재, 미래, 또는 과거에 반드시 존재하면(if it cannot fail to exist), **필연적(necessary)**이라 한다. 여기서 필연성이란 물리적인, 가설적인 또는 계약에 의한 것일 수 있다. 예컨대 불은 무엇을 연소시키기 마련이라거나 삼각형은 합이 2직각인 세 각을 갖는다거나 달의 궤도면과 황도면이 만나는 교점에 달이 있을 때 보름달이 되면 월식이 생긴다는 것은 모두 **물리적 필연**에 속한다. 또 존재하는, 존재했었던, 또는 존재한다고 가정된 것은 반드시 존재해야 한다는 것이 **가설적 필연(hypothetically necessary)**이다. 가령 내가 피터를 알고 있으며 그가 편지를 쓰고 있다고 인정한다면 그는 필연적으로 편지를 쓰고 있어야 한다. 그리고 도박사들이 주사위를 던져서 6이 나오면 이긴다고 도박을 시작하기 전에 합의한 뒤, 어떤 사람이 주사위를 던진 결과 6을 얻어 돈을 따는 것은 **계약에 따른(contractual)** 또는 **제도적인 필연(institutional necessity)**이라 할 수 있다.

현재, 과거, 또는 미래에 있을 수도 있고 **없을 수도** 있는 것은 **우연한(contingent)** 것이라고 한다[여기에는 이성적인 존재의 자유의지에 따른 **자유로운(free)** 것도 속하고 **운이나 우연**에 따라 **달라지는(fortuitous, haphazard, casual)** 것도 포함된다]. 그런데 우연한 사건의 발생 여부는 직접적인 힘보다는 먼 힘에 따라 결정된다. 즉 우연한 사건이라고 해서 반드시 2차적 원인에 따른 모든 필연성까지 배제하지는 않는 것이다. 예를 들어 설명해 보자. 주사위 도박에서 던지는 순간의 위치, 속도, 테이블에서의 거리가 정해지면 주사위를 던진 결과는 항상 같을 것이다. 마찬가지로 대기의 상태, 바람, 수증기, 구름의 크기, 위치, 움직임, 방향, 속도가 주어지고 이들의 상호 작용을 설명할 법칙이 주어진다면 내일의 날씨는 하나로 결정된다. 직접적인 원인에 따라 생기는 이런 결과들은 사실상 천체의 운동에 따라 월식이 생기는 것과 마찬가지로 필연적인 결과이다. 그런데도 월식은 필연적인 현상으로 간주되지만 주사위를 던질 때의 결과나 미래의 날씨는 우연한 것으로 간주된다. 그 둘이 다른 이유는 앞으로 일어날 결과를 결정하기 위해 주어졌다고 가정할 것들과 정말로 주어진 것들을 우리가 아직 충분히 모른다는 것뿐이다. 월식은 미리 계산해서 천문학 원리를 통해 예측해 낼 수 있다. 하지만 주사위나 날씨는, 필요한 것들을 충분히 알게 된다 하더라도 월식처럼 계산할 수 있을 정도로 기하학적 · 물리적 지식이 발달하지 않았다. 그리고 같은 이유로 천문학이 이만큼 발달하기 전에는 월식 역시 주사위나 날씨 못지않게 미래의 우연한 사건으로 간주될 수밖에 없었다. 따라서 한때 우연한 사건으로 간주된 것도 나중에 다른 사람에게는 [페이지 213] (심지어는 똑 같은 사람에게도) 필연적인 사건이 될 수도 있는 것이다. 따라서 우연이란 주로 우리의 지식에 달린 문제다. 비록 지금 여기서 필연적으로 존재하거나 일어날 사건이 우리가 모르는 직접적인 원인 때문에 지금 또는 미래에 일어나지 않는다 하더라도 우리는 아무런 모순을 느끼기 않기 때문이다.

우리는 우리를 행복하게, 또는 불행하게 만드는 일이라고 해서 모두 **행운**(good fortune, 라틴어로는 fortuna prospera, 불어로는 un bonheur, 독어로는 ein Glück), 또는 **불운**(bad fortune, 라틴어로는 fortuna adversa, 불어로는 un malheur, 독어로는 ein Unglück)이라고 부르지는 않는다. 그 사건이 일어날 가능성이 안 일어날 가능성보다 적거나, 최소한 두 가능성이 같을 때 그렇게 부른다. 따라서 좋은 일(또는 나쁜 일)이 일어날 가능성이 희소할수록 더욱 큰 행운(또는 더욱 큰 불운)이 된다. 따라서 어떤 사람이 땅을 파다가 보물을 발견했다면 엄청나게 운이 좋은 사람이 되는 이유는 그럴 가능성이 1000번에 한 번도 안 되기 때문이다. 만일 탈영병이 스무 명 있는데 그 가운데 제비를 뽑아 한 명을 본보기로 교수형에 처한다고 하자. 스무 명 중 살아남는 제비를 뽑은 열아홉 명이 무척 운이 좋은 사람이라고 할 수는 없을 테고 단지 사형을 당하게 된 한 사람은 무척 불운한 사람이라 할 수 있을 것이다. 전쟁에 나간 친구가 무사히 돌아왔는데 그 전쟁에서 죽은 병사가 거의 없었다면 생사를 좌우할 특별한 이유가 따로 없는 한 굳이 그 친구를 운이 좋은 친구라고 불러서는 안 될 것이다.

제2장
지식과 추측에 대하여, 추측술에 대하여, 추측의 논법에 대하여, 몇 가지 적절한 일반적인 공리에 대하여

우리는 확실하고 의심의 여지가 없는 것에 대해서는 **안다**(know), 또는 **이해한다**(understand)라고 말하고 그렇지 않은 나머지에 대해서는 **추측한다**(conjecture) 또는 **생각한다**(opine)고 한다.

무엇에 대해 '추측한다'는 말은 그 확률을 가늠한다는 뜻이다. 따라서 **추측술** 또는 **억측술**(art of conjecture or sto- chastics)이란 가능한 한 정확하게 확률을 가늠하는 학문이라고 정의된다. 정확하게 확률을 가늠함으로써 우리는 판단이나 행동을 할 때 더 낫고, 더 만족스럽고, 더 안전하고 또는 보다 더 세심하게 고려된 쪽을 항상 선택하거나 따르게 된다. 철학자들의 모든 지혜와 정치가들의 모든 현실적인 판단은 오직 여기서부터 나온다. [페이지 214]

확률은 현재, 미래 또는 과거의 어떤 일을 어떤 식으로든 증명하거나 가리키는 **주장들**의 **수**와 더불어 그 주장들의 **가중치**에 따라 구한다. 여기서 가중치란 증명 능력(force of the proof)을 말한다.

여기서 **주장**은 **내적**일 수도 있고 **외적**일 수도 있다. 흔히 인위적 주장(artificial argument)이라고도 부르는 내적인 주장은 증명할 것과 관련되는 원인, 결과, 주체, 관련 상황, 징후 또는 그 밖의 것들에서 나온 주장이다. 한편, 비인위적 주장이라고도 부르는 외적인 주장은 사람의 권위나 증언에 기대는 주장이다. 예를 들어 티티우스가 길에서 살해되었고 메비우스가 범인으로 고발되었는데 메비우스를 고발한 사람들의 주장이 다음과 같다고 해 보자. 1. 메비우스는 티티우스를 미워했다(살인이 증오로 인해 일어났다는 주장이므로 **원인**에 근거한 주장이다). 2. 심문 때 메비우스는 안색이 창백해졌으며 겁에 질린 모습이었다(안색이 변한 것은 자신의 범행을 의식한 **결과**라고 보는 주장이므로 이 주장은 결과에 근거한 주장이다). 3. 메비우스의 집에서 피 묻은 칼이 발견되었다(**징후**). 4. 티티우스 살해된 날 메비우스는 사건이 일어난 그 길을 걷고 있었다(시간, 공간적 **상황**). 5. 티티우스가 죽기 전날 티티우스와 메비우스가 다투었다고 카이우스가 증언했다(**증언**).

추측에 필요한 이와 같은 주장을 가지고 확률을 어떻

게 구할지 알아보기 전에 일반적인 규칙이나 공리들을 먼저 정해 보자. 이 규칙들은 건전한 정신을 가진 사람이라면 이성적으로 받아들이는 것이며 보다 합리적인 사람이라면 일상생활에서 항상 관찰할 수 있는 것들이다.

1. 완전하게 확실히 알 수 있는 일이라면 추측할 필요가 없다. 매년 두세 차례 월식이 일어난다는 사실을 근거로 보름달이 뜨는 특정한 어떤 날 월식이 일어날지 추측하고 싶어 하는 천문학자가 있다면 쓸데없는 짓을 하는 셈이다. 왜냐하면 월식이 일어나는 시점은 절대 틀릴 수가 없는 계산을 통해 정확히 알 수 있는 것이기 때문이다. 그와 마찬가지로 도둑이 훔친 물건을 셈프로니우스에게 팔았다고 말했는데 셈프로니우스가 곁에 있다고 해 보자. 이 경우에 재판관이 도둑이 한 말의 신빙성을 도적의 표정이나 음성 또는 훔친 물건의 질 또는 도둑의 다른 상황을 가지고 추측하려 한다면 어리석은 일이다. 셈프로니우스 당사자에게 모든 것을 쉽게 정확히 들을 수 있기 때문이다.

2. 한두 가지 주장만으로는 불충분하므로 [페이지 215] 우리가 알 수 있는 주장과 그것을 증명하는 데 적절해 보이는 주장을 모두 다 검토해야 한다. 예를 들어 항구에서 배가 세 척 출항했는데 얼마 후 그중 한 척이 난파당했다는 보고가 들어왔다고 해 보자. 과연 어느 배가 난파되었다고

추측해야 할까? 만약 배의 숫자만을 생각한다면 난파할 운명은 모든 배에 꼭 같으리라고 결론 내릴 것이다. 하지만 그중 한 척이 다른 배보다 더 오래된 것이라 낡았고 돛과 활대도 시원찮은 데다가 그 배의 선장은 경험 없는 신참내기라는 사실을 알고 있다면, 난파된 배는 당연히 바로 그 배일 가능성이 높다고 할 것이다.

3. 어떤 일을 증명하는 주장뿐 아니라 그것을 반박하는 주장도 살펴야 한다. 양쪽 주장을 제대로 평가해 보면 어느 쪽 주장이 더 타당한지 알 수 있을 것이다. 꽤 오래전에 외국으로 나간 뒤 아무런 소식이 없는 친구가 있다고 할 때, 과연 우리는 그가 죽었다고 단정해도 될까? 아래 주장들은 긍정적인 것들이다. 근 20년간 여러 가지로 애써 보았으나 우리는 그에게 아무런 소식도 듣지 못했다. 외국으로 여행 가는 사람은 국내와는 달리 생명을 위협하는 많은 위험에 노출된다. 어쩌면 그는 바다에서 죽었을지도 모른다. 또 어쩌면 노상에서, 아니면 전쟁터에서 살해당했을지도 모른다. 어쩌면 그는 병으로 죽었거나 아무도 그를 알지 못하는 곳에서 무언가 다른 이유로 죽었을지도 모른다. 만약 그가 아직 살아 있다면 지금 그는 고국에서 보기 드문 나이에 이르렀을 것이다. 설사 그가 인도의 끝자락에서 살고 있다 하더라도 자신이 고국에서 물려받을 유산

때문에 소식을 보내왔을 것이다. 그 밖에 다른 주장들도 있기 때문에 우리는 위의 주장들에 만족해서는 안 된다. 즉 그와 대립되는 다음 주장들 때문에 위 주장에 반대할 수 있다. 그는 부주의하기로 유명한 사람인 데다 편지 쓰기를 싫어하는 사람이며 그의 친구들을 경멸했던 사람이다. 짐작건대 그는 야만인들에게 붙잡혀서 편지를 써 보낼 수가 없었을 것이다. 어쩌면 그는 인도에서 가끔씩 편지를 써 보냈지만 배달부의 실수로 또는 배가 난파당하여 편지가 분실되어 버렸을지도 모른다. 마지막으로 우리는 그보다 더 오래 외국에서 살았던 사람이 결국 아무런 상처도 없이 돌아온 경우가 많았다는 사실을 알고 있다.

4. 보편적인 것에 대해 판단하는 경우라면 구체적이지 않고 포괄적인 주장으로 충분하겠지만, 특별한 개별적인 것에 대해 판단할 때는 가급적이면 그 개별적인 것에 더욱 가깝고 적확한 주장이 더 필요하다. 만약 스무 살 청년이 예순 살 노인보다 오래 살 가능성이 얼마나 높은가라는 문제를 풀어야 한다면 우리가 고려할 수 있는 것은 나이밖에 없다. 그러나 우리가 어떤 개인, 가령 피터라는 청년과 폴이라는 노인에 대해서 말한다면 우리는 그들의 개별적인 체질이나 평소 각자의 건강관리 상태까지 감안할 필요가 생긴다. [페이지 216] 만일 피터가 평소 병약하고 격정에 잘

휩쓸리며 무절제하게 산다면 비록 나이는 더 많지만 폴이 피터보다 더 오래 살 것이라고 기대한다 하더라도 무리는 아니다.

5. 확실하지 않고 의심이 가는 사항에 대해서는 좀 더 알게 될 때까지 기다린다. 만일 기다릴 수 없는 상황이라면 더 적합하고 더 안전하고 더 세심하게 고려되었거나 더 가능성이 높은 쪽을 택한다. 비록 실제로는 양쪽이 모두 그렇지 못하다 해도 선택은 마찬가지다. 예를 들어 화재가 나서 탈출해야 하는데 가장 높은 층 지붕에서 뛰어내리거나 저층에서 뛰어내리는 두 가지 방법밖에 없다고 해 보자. 이때 양쪽 중 어느 쪽을 택하더라도 절대적으로 더 안전한 선택이란 없고 어차피 부상당할 수밖에 없지만 그래도 저층에서 뛰어내리는 쪽이 보다 안전하다.

6. 이익이 되지도 않고 해롭지도 않은 쪽보다는 해롭지 않으면서 때로 이익이 되는 쪽을 택한다. 우리가 흔히 "도움은 못 되지만 해롭지도 않아"라고 하는 말이 바로 여기에 해당된다. 이것은 다른 것들이 같다고 할 때 이익이 될 수 있는 것은 그렇지 못한 것보다 더 좋고, 더 안전하고, 더 바람직한 것이라는 바로 앞의 원칙에서 나온다.

7. 가장 어리석은 행동이 도리어 최선의 성공을 낳고 가장 신중한 행동이 가장 큰 실패를 부르는 수도 있으므로, 사

람이 하는 행동의 가치를 그 결과를 가지고 평가하지 않는다. 이에 대해 시인은 "바라건대, 일의 결과만으로 판단하려는 자에게 성공이 찾아들지 않기를"[43]이라고 읊었다. 만일 주사위를 세 개 던져서 처음에 6만 세 번 나오기를 바라는 사람이 있다면 설혹 우연히 그런 결과를 얻었다 할지라도 어리석은 사람이다. 이 원칙은 운이 더 좋은 사람이 더 뛰어난 인물이라는 일반인들의 완고한 판단을 반박하는 것이다. 사실 가끔은 성공하는 사람의 범죄는 덕으로 치부되기도 한다. 오언[44]은 이에 대해 다음과 같이 기품 있게 썼다.

> 지금 안쿠스는 바보 취급을 받지만 도리어 그가 현명하다는 주장도 있다.
> 무분별하게 했던 일이라 할지라도 결과는 성공이었기 때문이다.
> 신중하게 준비해서 한 일이라도 일단 실패하고 나면 그가 카토라 할지라도 대중에게 바보 취급을 받

---

43) (Sylla, p. 320) Ovid, 《Heroides》, II, 1. 87.

44) (Sylla, p. 320) 존 오언(John Owen): 1560년경 태어나 1622년에 사망한[옮긴이 주) 영역본의 생몰 연대(1616~1683)는 잘못된 것 같다] 웨일스 출신의 유명한 라틴어 풍자작가(epigrammatist)였다. 여기서 인용한 것의 출전은 《Epigrams》, Single Book, Section 216이다.

을 것이다.

8. 판단을 할 때는 실제 이상으로 과장하면 안 된다. 어떤 것이 다른 것보다 가능성이 높다고 해서 그것이 절대적으로 확실한 것이라고 간주하거나 그런 것을 다른 사람에게 강요해서는 안 된다. 우리가 어떤 것에 대해 신뢰를 갖게 되는 것은 [페이지 217] 그것이 가진 확실성의 정도에 비례하며 또한 그것의 확률이 감소하는데 따라서 신뢰도 줄어든다. 흔히 말하듯 "모든 것은 그 가치만큼 대접받는다".

9. 그렇지만 모든 면에서 완전한 확실성이란 거의 찾아보기 어려우므로 필요와 관습에 따라 단지 개연적으로 확실한 것은 절대적으로 확실하다고 간주된다. 따라서 행정 장관이 권위를 갖고 개연적 확실성에 대해 확실한 한계를 정해 주면 좋을 것이다. 예를 들어 확실성의 100분의 99면 충분하다거나 1000분의 999가 되어야 한다는 등으로 정할 수 있을 것이다. 그렇게 되면 판사가 두 편 가운데 어느 한 편을 선택하기 어려운 경우에도 판결을 내릴 때 항상 염두에 둘 기준점을 갖게 될 것이다.

일상생활에서 누구나 이와 같은 종류의 공리를 더 많이 만들 텐데 실제 그 상황을 벗어나면 그것들을 모두 기억하지는 못한다.

제3장
여러 가지 주장, 그리고 확률을 계산하기 위해 그 주장의 가중치를 평가하는 법

의견이나 추측의 바탕이 되는 다양한 주장을 검토해 보면 주장들을 아래와 같이 세 가지 경우로 구분할 수 있음을 알 수 있다.

• 주장의 내용은 필연적이지만 그 주장 때문에 생기는 결과는 우연에 따르는 경우.

• 주장의 내용은 우연에 따라 일어나지만 그 주장 때문에 생기는 결과는 필연적인 경우.

• 주장의 내용도 우연에 따르고 그 주장 때문에 생기는 결과도 우연에 따르는 경우.

셋 사이의 차이를 보기를 들어 설명해 보자. 오랫동안 아무 소식도 없는 동생이 있다. 소식이 없는 것이 과연 동생이 게으르거나 일이 바쁘기 때문일지도 모르겠고 심지어는 그 사이에 그가 죽어 버린 건지도 모르겠다. 이제 동생에게 소식을 들을 수 없었던 세 가지 이유 즉 게으름, 사망, 그리고 바쁜 일 때문이라는 세 주장의 특징을 살펴보자. 먼저 (내 동생이 게으르다는 사실은 내가 확실히 안다고 칠 때) 게으름이라는 것은 필연적으로 타당한 사실이기는 하지만 그가 게으르다고 해서 반드시 소식을 전하지 못할 이유는 없다. 따라서 게으름이 소식을 전하지 못한 이유가 되는지 여부는 우연에 따른다. 다음, 동생이 죽었으리라는 두 번째 주장에서 (그가 아직 살아 있을 수도 있으므로) [페이지 218] 사망 여부는 우연에 따른다. 하지만 만일 그가 죽었다면 소식을 전하지 못한 결과는 필연적으로 따라온다. 마지막 세 번째 주장은 그가 바빴을 수도 있고 아닐 수도 있으며, 만일 바빴다고 하더라도 소식을 전할 수도 있고 그렇지 못할 수도 있으므로 주장의 타당성, 그리고 그 주장이 소식을 전하지 못한 원인이 되는 것 모두 우연에 따른다. 첫째 주장의 다른 예를 들어 보자. 주사위를 두 개 던져 합이 7이 나오면 이기는 게임에서 이길 가망이 어느 정도인지 추측해 보자. 합이 7이 되면 이긴다는 것은 필연적으로 결정되어 있다. 하지만 주사위를 던지면 7이라는 값 말고 다른 값도 나올 수 있으므로 7이라는 결과가 나오는 것은 우연에 따른다.

다른 한편 주장들은 단순 주장(pure argument)과 복합 주장(mixed argument)으로 구분할 수 있다. **단순** 주장이란 어떤 경우에는 한 결과를 증명하고 다른 모든 경우에는 어떠한 결과도 긍정적으로 증명하지 않는 주장을 말한다. 한편 **복합** 주장은 어떤 경우에는 한 결과를 증명하고 다른 경우에는 반대의 결과를 증명하는 주장이다. 예를 들어 보자. 서로 다투던 군중들 가운데 어떤 사람이 칼에 찔려 살해당했는데, 멀리서 그 광경을 목격한 믿을 만한 사람이 증언하기를, 칼로 찌른 사람은 검은 외투를 입고 있다고 했다. 그런데 그라쿠스라는 사람이 다른 세 사람과 함께 그 다투는 군중 속에 있었고 그 네 사람은 모두 검은 외투를 입고 있었다면 검은 외투는 그라쿠스가 살인을 저질렀음을 뒷받침할 주장이 된다. 그러나 그 주장은 한 가지 경우에서는 그라쿠스의 살인을 뒷받침하지만 세 가지 경우에는 다른 세 사람의 살인 행위를 뒷받침하므로(이 세 경우에 그 주장은 그라쿠스의 무죄를 뒷받침한다) 복합 주장이다. 그런데 심문 과정에서 그라쿠스의 얼굴이 창백해졌다고 해 보자. 만일 그가 살인을 했고 양심의 가책 때문에 얼굴색이 변했다면 그의 얼굴색은 그의 유죄를 뒷받침할 것이다. 하지만 그의 낯빛이 바뀐 것이 다른 이유 때문이었다고 하더라도 그의 무죄가 증명되는 것은 아니다. 왜냐하면 그가 살인을 했지만 그의 낯빛이 바뀐 것은 다른 이유 때문일 수도 있기 때문이다. 즉 그의 낯빛이 바뀌었다는 사실은 단순 주장이다.

여기서 어떤 주장의 증거 능력이란, 그 주장 내용이 일어나거나 일어나지 않는 경우의 수, 그 주장이 결과의 원인이 되거나 되지 않는, 또는 심지어 그 결과를 일어나지 못하게 하는 경우의 수에 달려 있음이 분명해진다. 즉 주장이 갖는 확실성의 정도 또는 확률은 주사위 도박사들의 운수를 알아볼 때와 마찬가지로 이 책 제1부의 원칙에 따라 이 경우들에서 얻을 수 있다. 이를 위해 어떤 주장이 일어나는 경우의 수를 b, [페이지 219] 그 주장이 일어나지 않는 경우의 수를 c라 하고 그 둘의 합을 $a=b+c$라고 하자. 마찬가지로 그 주장이 어떤 결과를 증명하는 경우의 수를 β, 증명하지 않는 경우 또는 반증하는 경우의 수를 γ라고 하고 그 합을 $\alpha=\beta+\gamma$라고 하자. 여기서 나는 모든 경우들은 가능성이 같다고, 즉 같은 정도로 수월하게 일어날 수 있다고 가정한다. 만일 그렇지 않다면 수정을 해서 다른 경우들보다 더 쉽게 일어나는 경우가 있다면 더 쉽게 일어나는 만큼 그 경우의 수를 늘여서 헤아려야 한다. 가령 다른 것보다 세 배 더 쉽게 일어나는 경우가 있다면 그 경우의 수를 다른 것보다 세 배로 쳐야 한다.

1. 첫째, **주장의 내용은 우연에 따라 일어나지만 그 주장 때문에 생기는 결과는 필연적인 주장**부터 살펴보자. 앞서

약속한 기호로 나타내면, 그 주장의 내용이 일어나는 경우는 b이고 이 경우 결과는 반드시 일어난다(1이라고 나타내자). 또 그 주장의 내용이 일어나지 않는 경우는 c이고 이 경우 결과는 절대 일어나지 않는다. 이 책 제1부의 정리 3의 따름정리 1을 이용하면 이 주장의 가치는 $\frac{b \cdot 1 + c \cdot 0}{a} = \frac{b}{a}$이므로 그 주장은 결과 또는 그 결과의 확실성을 $\frac{b}{a}$만큼 증명한다.

2. 다음, **주장의 내용은 필연적이지만 그 주장 때문에 생기는 결과는 우연에 따르는 주장**을 보자. 이번에는 그 주장이 결과의 원인이 되는 경우가 β이고 어떤 결과의 원인도 되지 않거나 그 반대 결과의 원인이 되는 경우가 γ다. 이때 그 주장이 결과를 증명하는 능력은 $\frac{\beta \cdot 1 + \gamma \cdot 0}{\alpha} = \frac{\beta}{\alpha}$이다. 따라서 이런 종류의 주장은 그 결과의 확실성을 $\frac{\beta}{\alpha}$만큼 증명한다. 또한 만약 그 주장이 복합 주장이라면 (마찬가지 방법으로) 그 주장은 반대 결과의 확실성을 $\frac{\gamma}{\alpha}$만큼 증명한다.

3. 다음으로 '주장의 내용도 우연에 따르고 그 주장 때문에 생기는 결과도 우연에 따를 때'를 살펴보자. 먼저 그

주장 내용이 일어났다고 할 때 그 주장은 결과를 $\frac{\beta}{\alpha}$ 만큼 증명한 다. 또 그 주장이 복합 주장이면 반대 결과를 $\frac{\gamma}{\alpha}$ 만큼 증명한다. 그런데 그 주장의 내용이 일어나는 경우가 b, 일어나지 않아 아무것도 증명할 수 없는 경우가 c이므로 그 주장은 결과를 증명하는데 $\frac{b\cdot\frac{\beta}{\alpha}+c\cdot 0}{a}=\frac{b\beta}{a\alpha}$의 가치를 갖는다. 만일 그 주장이 복합 주장이라면 그 주장은 반대 결과를 증명하는데 $\frac{b\cdot\gamma/\alpha+c\cdot 0}{a}=\frac{b\gamma}{a\alpha}$

의 가치를 갖는다. [페이지 220]

4. 만일 여러 주장들이 모여서 어떤 하나의 결과를 증명할 때는

	주장의 번호					
	1	2	3	4	5	기타
전체 경우의 수	a	d	g	p	s	기타
결과를 증명하는 경우의 수	b	e	h	q	t	기타
결과를 증명하지 않거나 반증하는 경우의 수	c	f	i	r	u	기타

라고 두고 모든 주장의 내용이 함께 일어날 경우 결과를 증명하는 능력은 다음과 같이 얻을 수 있다. 먼저 모든 주장이 **단순** 주장이라고 해 보자. 앞에서 본 바와 같이 첫

번째 주장만을 생각한다면 그 비중은 $\frac{b}{a}=\frac{(a-c)}{a}$가 된다 (만일 그 주장 때문에 생기는 결과가 우연에 따른다면 이 값은 $\frac{\beta}{\alpha}$가 되며 그 주장의 내용이 일어나는 것도 우연에 따른다면 $\frac{b\beta}{a\alpha}$가 된다). 이제 첫 번째 주장과 두 번째 주장을 함께 생각해 보자. 두 번째 주장이 결과를 증명(즉 1)하는 경우가 e, 또는 $(d-f)$가지이고, 아무것도 증명하지 않는 경우가 f가지다. 두 번째 주장이 아무것도 증명하지 않는 경우에는 첫 번째 주장의 비중, 즉 $\frac{(a-c)}{a}$만 생각하면 된다. 따라서 두 주장을 함께 고려할 때 결과를 증명할 비중은 다음과 같다.

$$\frac{(d-f)\cdot 1+f\cdot(\frac{a-c}{a})}{d}=\frac{ad-cf}{ad}=1-\frac{cf}{ad}$$

이제 세 번째 주장도 생각해 보자. 결과를 증명하는 경우가 h, 또는 $g-i$만큼이고, i가지 경우에 이 주장은 아무 역할도 못하므로 앞서 두 개의 주장만 있을 때 구한 값 $\frac{(ad-cf)}{ad}$ 그대로다. 따라서 세 주장이 결과를 증명할 능력의 비중은 다음과 같다.

$$\frac{[(g-i)\cdot 1]+i\cdot[\frac{(ad-cf)}{ad}]}{g}=\frac{adg-cfi}{adg}=1-\frac{cfi}{adg}$$

다른 주장이 더 있으면 계속 마찬가지 방법으로 구한다. 이로부터 모든 주장을 함께 고려하면 확률은 결과를 증명할 절대적 확실성, 즉 1보다 작아짐을 분명히 알 수 있다. 그 확률과 1의 차이는 결과를 증명하지 못하는 경우들의 곱을 모든 주장에서 전체 경우의 수를 곱한 값으로 나누어 준 만큼이다.

5. 다음으로 모든 주장이 **복합** 주장이라 해 보자. 결과를 증명하는 경우의 수가 첫 번째 주장에서는 b, 두 번째 주장에서는 e, 세 번째 주장에서는 h 등과 같고 반대 결과를 증명하는 경우의 수는 c, f, i 등이므로 결과의 확률과 반대 결과의 확률의 관계는 첫 번째 주장만 있을 때는 $b:c$의 관계와 같고, 두 번째 주장만 있을 때는 $e:f$의 관계와 같으며, 세 번째 주장만 있을 때는 $h:i$의 관계와 마찬가지다. 따라서 모든 주장이 결과를 증명하는 능력은 그 모든 주장을 하나씩 생각했을 때의 증명 능력들로 구성된다는 것, [페이지 221] 즉 결과의 확률과 반대 결과의 확률은 beh 등과 cfi 등의 비와 같다는 것이 충분히 분명해진다. 따라서 결과의 계산상의 확률은 $\frac{beh}{beh+cfi}$이고 반대 결과

의 계산상의 확률은 $\frac{cfi}{beh+cfi}$가 된다.

6. 이번에는 일부 주장은 단순 주장(가령 처음 세 주장)이고 일부 주장은 복합 주장(나머지 두 주장)인 경우를 알아보자. 먼저 단순 주장만을 살펴보면 4절 결과에 따라 세 단순 주장은 결과의 확실성을 $\frac{adg-cfi}{adg}$만큼 증명한다. 이 값과 1의 차이는 $\frac{cfi}{adg}$인데 세 주장이 함께 결과를 증명하는 경우가 $adg-cfi$개다. 그리고 아무것도 증명하지 않는 경우가 cfi개인데, 이 경우에는 복합 주장들만이 무엇인가를 증명할 기회를 갖게 된다. 5절에 의해 두 복합 주장은 결과를 $\frac{qt}{(qt+ru)}$만큼 증명하고 반대 결과를 $\frac{ru}{(qt+ru)}$만큼을 증명한다. 따라서 다섯 주장을 다 생각할 때 결과의 확률은 다음과 같다.

$$\frac{(adg-cfi)\cdot 1+cfi[qt/(qt+ru)]}{adg}$$

$$=\frac{adgqt+adgru-cfiru}{adgqt+adgru}=1-\frac{cfiru}{adg(qt+ru)}$$

이 값은 $\frac{cfi}{adg}$(4절 규칙에 따라 단순 주장만으로 결과를 증명할 때 1과 차이 나는 확률)와 $\frac{ru}{(qt+ru)}$(5절의 규칙에 따라 복합 주장이 반대 결과를 증명할 계산상의 확률)을 곱한 것을 완전한 확실성, 즉 1의 값에서 뺀 만큼이다.

7. 이제 결과를 증명하게 되는 주장 외에 반대 결과를 뒷받침하는 단순 주장들이 있다고 하자. 그러면 결과의 확률과 반대 결과의 확률 사이에 성립하는 비를 구하기 위해 앞서 여러 규칙들에 따라 두 범주의 주장들을 따로 취급하여 주장의 비중을 계산해야 한다. 여기서 제시된 주장이 충분히 강력하면 양쪽의 계산상의 확률은 확실성의 절반을 뚜렷이 넘을 수도 있게 된다는 점을 유의해야 한다. 즉 상반되는 양쪽 중 하나가 다른 쪽보다 가능성이 상대적으로 낮기는 하지만 양쪽 모두 가능할 수는 있다. 따라서 어떤 것이 확실성의 $\frac{2}{3}$, 그 반대가 확실성의 $\frac{3}{4}$을 가질 수도 있다. 이 때 $\frac{2}{3}:\frac{3}{4}$의 비, 또는 8:9의 비로 첫째가 그 반대쪽보다 가능성이 낮기는 하지만 (모두 확실성의 절반을 넘기 때문에) 상반되는 양쪽 모두 가능해질 수 있다는 말이다.

나는 여기서 이와 같은 규칙을 개별적으로 적용할 때 생기는 많은 문제들이 예견된다는 점을 밝혀야겠다. [페이지 222] 주장들을 분간하는 데 조심하지 않으면 그 문제들은 종종 수치스러운 실수로 이어질 수 있는 것들이다. 알고 보면 꼭 같은 주장들이 때로 달라 보일 수도 있다. 또는 거꾸로 서로 다른 주장이 하나로 보일 수도 있다. 때로 어떤 주장 안에는 반대되는 어떤 주장을 완전히 논박하는 전제가 들어 있기도 하다.

그러한 사례들을 한두 개 들어 보겠다. 앞에서 예로 든 바 있는 그라쿠스 이야기에서 싸움 현장을 보았던 그 믿을 만한 목격자가 살인자의 머리카락이 붉은색이라는 것도 목격했다고 해 보자. 그라쿠스의 머리와 또 다른 두 사람의 머리가 모두 붉은색인데 그 두 사람 다 검은색 외투를 입고 있지 않았다고 하자. 이때 그라쿠스 외에 세 사람이 검은 외투를 입고 있었고, 또 그라쿠스 외에 두 사람의 머리가 붉은색이라는 증거에서, 앞서 5절 결론에 따라, 그라쿠스가 살인을 범했을 확률과 결백할 확률의 비는 1:6(1:3과 1:2의 곱)이므로 그라쿠스가 살인을 했을 가능성보다 결백할 가능성이 훨씬 높다고 결론을 내린다면 가장 서투른 방식으로 문제를 다루고 있는 셈이다. 사실 여기에는 주장이 둘이 아니고, 동시에 일어난 두 가지 상황에서 외투와 머리의 색깔에 대한 단지 하나의 주장만 있다. 외투와 머리의 색깔이 목격자의 말과 모두 일치하는 경우는 한 사람밖에 없으므로 그라쿠스 외에는 그 누구도 살인자가 될 수 없는 것이다.

다른 보기도 있다. 어떤 문서가 있는데 그 문서에 쓰인 날짜가 사실보다 더 앞선 날짜로 조작되었을지 모른다는 의혹이 있다. 그런데 그 의혹을 반박하는 주장으로서 그 문서는 공증인의 서명을 받은 문서라는 주장이 있다. 즉 공증인은 공식적으로 서약을 한 사람이므로 그가 문서 조작을 용인했을 가능성은 매우 낮다는 것이다. 사실 공증인이 문서 조작을 용인하려면 그는 자신의 인생과 명예를 크게 떨어뜨릴 위험을 감수해야만 할 것이므로 공증인이 50명 있다면 그중에서 그런 악행에 가담할 사람은 겨우 한 사람도 채 되지 않을 것이다. 한편 의혹을 뒷받침하는 주장도 있다. 그 문서를 공증한 바로 그 공증인은 매우 평판이 나쁜 사람으로서 그 조작으로 인해 상당한 뒷돈을 노렸을 수도 있다는 것이다. (예를 든다면 누가 금화 1만 닢을 어떤 사람에게 빌려 주었다고 그 공증인이 공증했는데, 모든 사람이 볼 때 돈을 빌려 준 사람이 가진 것이라고는 정작 금화 100닢도 되지 않는 경우처럼) 그 공증인은 전혀 있을 수 없는 일을 공증했을 수도 있다는 것이다. 여기서 만일 그 문서에 서명한 공증인의 특성을 감안하지 않는다면 [페이지 223] 그 문서가 조작되지 않았을 확률은 $\frac{49}{50}$ 만큼의 확실성에 해당하는 가치를 가진다고 할 수 있다. 하지만 반대로 그 공증인이 어떤 사람인가를 고려한다면 그 문서가 조작되지 않았을 가능성은 거의 없다고, 따라서 문서 조작이라는 범죄가 있었을 확실성이 $\frac{999}{1000}$에 이른다고, 즉 거의 확실하다고 할 수 있다. 하지만 우리는 앞의 7절에서처럼 그 문서가 조작되지 않았을 확률과 조작되었을 확률의 비가 $\frac{49}{50}:\frac{999}{1000}$이라고 해서는, 즉 양쪽이 거의 같다고 해서는 안 된다. 왜냐하면 내가 그 공증인은 평판이 나쁜 사람이라고 했을 때 그는 50명의 공증인 중 조작을 거부할 정직한 49명에 속하지 않고 대신 서약을 무시하고 직무를 충실히 이행하지 않을 바로 그 50번째 공증인이라고 단언한 것이다. 이로부터 문서가 조작되지 않았음을 입증할 수도 있었을 주장은 완전히 무력하게 되어 버린다.

제4장
경우의 수를 찾는 두 가지 방법에 대하여. 실험에 바탕을 둔 방법을 어떻게 이해할 것인가. 이 방법에 관련해 제기되는 주목할 만한 문제, 기타 등등

앞장에서 우리는 어떤 결과를 일어날 수 있게 하거나 그렇지 않게 하거나, 그 결과에 증거를 제공할 수 있거나 그렇지 않거나, 또는 반대되는 증거를 제공할 수 있는 주장의 경우의 수로부터, 그리고 그에 비례하는 증명 능력으로부터, 어떻게 어떤 결과의 확률을 계산을 써서 유도하고 추정할 수 있는지 보았다. 이로부터 어떤 일에 대해 올바로 추측하기 위해 할 일은 단지 나오는 경우의 수를 정확히 알고 그중 어떤 것이 다른 경우들보다 얼마나 더 잘 일어날 수 있는지 알아내는 것뿐이다. 그런데 사실 그와 같은 것을 알 수 있는 경우란 도박 말고는 없다. 도박 게임들을 처음 창안한 사람들은 따게 되는 경우와 잃게 되는 경우의 수를 명확히 하고 각 경우들이 똑같이 나올 수 있게 만들기 위해 애를 많이 썼다. 그러나 이는 결코 자연이나 인간 의지에 따르는 대부분의 다른 결과들에서는 생기지 않는다. 예를 들어 [페이지 224] 우리는 주사위의 눈의 개수에 대해 알고 있다. 주사위를 한 개 던져서 나오는 경우란 그 주사위가 가진 면의 수와 명백히 같다. 게다가 각 경우들은 모두 나올 가능성도 같다. 주사위 면들의 모양이 서로 다르고 주사위의 어떤 부분은 다른 부분보다 더 무거운 재료로 만들어졌다면 어떤 면이 다른 면들보다 더 잘 나오겠지만, 주사위의 면도 서로 비슷하고 주사위 각 부분의 무게도 균질적이므로 어떤 한 면이 다른 면들보다 더 잘 나오리라고 여길 이유는 전혀 없다. 마찬가지로 항아리에서 흰 종이를 뽑을 경우와 검은 종이를 뽑을 경우의 수도 알려져 있다. 의심할 바 없이 항아리에 든 종이의 수는 색깔별로 알려져 있고 미리 정해져 있다. 또한 그중 어떤 것이 다른 것들보다 더 잘 뽑힐 이유란 전혀 없기 때문이다.

하지만 과연 누가 도박에서 경우의 수를 알아내듯 질병에서 경우의 수와 같은 것을 알 수 있겠는가? 질병이란 연령별로 인간 신체의 수없이 많은 부분에 침입하고 인간을 죽음에 이르게 하는 것인데, 과연 어떤 병이, 예를 들어 전염병이 수종(水腫)에 비해, 그리고 수종이 열병에 비해, 사람을 더 잘 죽게 만드는지 누가 알 수 있겠는가? 이를 바탕으로 삶과 죽음의 미래 상태에 대해 추측할 수 있는 사람이 있겠는가? 마찬가지로 매일매일 대기 변화의 수많은 경우를 헤아려서 1년 후는 고사하고 한 달 후 대기의 구성을 추측할 사람이 있겠는가? 게다가 전적으로, 또는 부분적으로 빈틈없고 기민해야 이길 수 있는 도박에 참가한 사람들에 대해 그 심리의 본질이라든가 육체의 경이적인 구조를 충분히 파악할 수 있는 사람이 있겠는가? 이와 같거나 유사한 상황에서 모든 결과는 완전히 감춰진 원인들에서 생기며 우리가 아무리 열심히 그 원인을 파고들어 보아야 결국 그 원인들의 셀 수 없이 다양한 조합 때문에 좌절하게 될 것이므로 이런 식으로 무언가를 알아내려 하는 것은 분명 미친 짓일 것이다.

그렇지만 여기에 우리가 알고 싶은 것을 얻는 다른 길이 열려 있다. 최소한 비슷한 상황에서 여러 번 관측하고 난 뒤에는 처음에 알지 못했던 것을 알아낼 수도 있다. 왜냐하면 과거 비슷한 상황에서 어떤 일이 어느 정도 일어나고 일어나지 않았는지 관측했다면 미래 그 일의 발생 여부도 그 정도라고 추측해야 하기 때문이다.[45] 예를 들어 나

---

45) 이 부분은 이 책의 가장 핵심적인 주장이라 볼 수 있다. 원인으로부터 결과를 유도하는 대신, 원인을 모를 경우(현실적으로 대부분의 경우가 그렇다) 반복 실험(관찰)한 결과에 따라 원인을 거꾸로 추론할 수 있다는 것이다. 제4장에 나오는 극한 정리 역시 바로 이 문제에 대한

이가 같고 체형도 지금의 티티우스처럼 생긴 사람 300명이 있었는데 10년이 지난 뒤 그중 200명이 죽고 100명이 살아남았다고 하면, [페이지 225] 우리는 충분히 자신을 갖고 티티우스라는 어떤 한 사람이 앞으로 10년 더 생존할 경우의 수보다 10년 이내에 사망할 경우의 수가 두 배라고 할 수 있을 것이다. 마찬가지로 어떤 사람이 지난 여러 해 동안 날씨를 관측하여 맑은 날, 비온 날 수를 기록했다면, 또 게임을 하는 두 도박사를 누군가가 매우 자주 지켜본 결과 누가 몇 번 이기고 졌는지 알게 되었다면, 그는 아마 미래 상황에서 어떤 결과가 일어나고 일어나지 않을 경우의 수 사이의 비는 그와 비슷한 상황에서 과거의 비와 비슷함을 발견하게 될 것이다.

이처럼 실험을 통해 경우의 수를 아는 경험적 방법은 새로운 것도 보기 드문 것도 아니다. 대단히 빈틈없고 뛰어난 재능을 가진 《사유의 기술(The Art of Thinking)》의 저자[46]가 그 책 제12장과 마지막 부분(제4부)에서 비슷한 방법을 권유한 바도 있고, 모든 사람이 일상 속에서 실제로 일관되게 같은 방법을 이용하고 있다. 그와 같은 식으

것이다.

46) (Sylla, p. 328) 유명한 《포르루아얄 논리학(Port Royal logic)》의 주 저자인 앙투안 아르노(Antoine Arnauld)를 일컫는다.

로 미래의 어떤 일에 대해 판단하려면 한두 차례 실험으로는 충분하지 않고 상당히 많은 실험이 필요하리라는 점은 아무도 부인하지 못할 것이다. 왜냐하면 가장 어리석은 사람일지라도 누가 가르쳐 주지 않아도 자연적인 직감(참으로 놀라운 것이다)에 따라 관측 수가 많아질수록 목표에서 벗어날 위험이 작아진다고 확실히 느낀다. 하지만 누구나 그 사실을 저절로 알고 있다 하더라도 과학적인 원리에 따라 그것을 증명하는 것은 거의 알려져 있지 않으므로 여기서 상세히 살펴보자. 그런데 누구나 아는 사실을 하나 증명하기만 했다면 내가 한 일은 대수롭지 않겠지만 우리가 다룰 문제는 아마 지금껏 아무도 생각하지 않았던 문제일 것이다. 그 문제는 관측 수가 늘어나면 어떤 사건이 일어날 경우와 일어나지 않을 경우의 수가 이루는 비의 참값을 얻을 확률도 커질 것인가, 그 결과 이 확률은 결국 주어진 확실성의 정도를 넘을 것인가에 있다. 또는 그와 반대로 확률에는 일종의 점근선이 존재하는가, 관측 수가 아무리 많아져도 넘어설 수 없는 확실성의 한계가 있는가, 우리는 절반 또는 $\frac{2}{3}$나 $\frac{3}{4}$을 넘는 확실성을 갖고 비의 참값을 알 수 있는가라는 의문이 제기될 수 있다.

내 생각을 보기를 들어 설명하기 위해 [페이지 226] 흰색 돌 3000개와 검은색 돌 2000개가 들어 있는 항아리가 있다고 가정해 보자. 항아리 안에 든 돌의 비를 모르는 사람이 돌을 하나씩 꺼내는 실험(꺼낸 돌은 다음 돌을 꺼내기 전에 다시 항아리 속에 넣기 때문에 항아리 속에 있는 돌의 수는 줄어들지 않는다)을 하여 흰 돌, 검은 돌이 몇 개씩 뽑혔는지 기록한다. 이런 실험을 아주 많이 반복하면 그가 뽑은 흰 돌의 수와 검은 돌의 수가 참값인 3:2와 같게 나올 가능성이 그렇지 않을 가능성보다 열 배, 100배, 1000배 더 높아질까(즉, 결국에는 거의 확실해질까)? 만일 그렇지 못하다면 실험을 해서 경우의 수를 헤아리는 것은 사실상 아무 소용없는 짓이 되어 버린다. 하지만 만일 그렇게 되고 이런 식으로 거의 확실한 결과를 얻게 된다면(실제로 그렇게 되는 과정은 다음 장에서 설명할 것이다) 우리는 그 값을 마치 실험 전에 알고 있었던 것처럼 실험 후에 경우의 수를 거의 확실히 알게 될 것이다. 분명히 실제 사회생활에서는 제2장의 공리 9에서 개연적으로 확실한 것은 절대적으로 확실한 것으로 간주되므로, 우리는 도박에서처럼 과학적으로 우연에 따르는 사항에 대해 충분히 추측할 수 있을 것이다. 우리가 만일 항아리가 돌을 담고 있듯 그 자체로 여러 가지 변화와 질병의 원인을 품고 있는 대기나 인간의 신체를 항아리 대신 생각하면, 똑같은 방법을 써서 이러저러한 일들이 얼마나 용이하게 일어날 것인지 관측으로부터 알 수 있을 것이다.

잘못 이해하지 않도록 하기 위해, 우리가 실험을 통해 구하려 하는 비를 너무 엄밀한 값으로 받아들여서는(실험으로 얻는 값은 목표 값과 조금씩 다르고, 또 관측을 많이 하면 할수록 그 값은 다양해지므로 엄밀하게 값을 비교한다면 목표로 하는 비 값을 얻을 확률은 관측을 많이 할수록 점점 작아질 것이므로) 안 된다는 지적을 해 두어야겠다. 이 비는 어떤 범위 이내의 값으로, 즉 두 한계 사이에 포함된 값으로 생각해야 한다. 두 한계의 간격은 우리가 원하는 만큼 좁게 만들 수 있다. 실지로 만일 앞서 예로 든 경우, 두 비를 $\frac{301}{200}$과 $\frac{299}{200}$, 또는 $\frac{3001}{2000}$과 $\frac{2999}{2000}$ 등과 같이, 한 값은 3:2라는 비보다 아주 조금 크고 한 값은 아주 조금 작게 정하면, 반복 실험을 많이 해서 얻는 비가 그 두 한계 바깥보다는 3:2를 포함하는 안쪽 범위에 들어갈 가능성이 [페이지 227] 미리 정해 둔 어떤 확률보다도 높다는 것을 증명할 수 있다.[47)]

---

47) 이것이 다음 장에서 유도할 베르누이의 정리다. 영어 번역으로는 다음과 같이 되어 있다. It may be shown that it can become more probable than any given probability that the ratio found by many repeated experiments will fall within these limits around the ratio of three to two rather than outside(Sylla, p. 329).

지난 20년 동안 숨겨 오다가 내가 여기서 발표하려는 문제가 바로 이것이다. 이 문제는 새로운 것이며 효용성이 가장 높은 만큼 어렵기도 한 문제로서 이 문제 때문에 이 책의 나머지 부분에 있는 모든 장들이 더욱 비중 있고 가치 있게 될 것이다. 그러나 그 문제에 대한 풀이를 제시하기 전에 이에 대해 다른 학자들이 내놓은 반대 의견에 대한 내 생각을 몇 마디 덧붙여야겠다.[48]

1. 반대 의견 가운데는 먼저, 항아리 속에 있는 돌의 비는 명확한 수가 되지만 질병이나 대기의 변화는 명확하지 않으며 계속 변하는 수이므로 서로 별개의 문제라는 의견이 있다. 이에 대한 내 답변은 다음과 같다. 양쪽 모두 우리의 지식에 비추어 볼 때 그 자체로 명확한 것이 아니며 똑같이 불확실한 것으로 간주된다. 다른 한편, 우리가 자연의 주재자에 의해 창조된 동시에 창조되지 않은 것을 생각할 수 없는 것과 마찬가지로, 우리는 그 자체로서, 그리고 그 본성이 아예 불명확한 것도 생각할 수 없다. 왜냐하면 신이 만든 것은 모두 명확하기 때문이다.

2. 두 번째 반대 의견으로 항아리에 든 돌의 수는 유한

48) 이러한 반대 의견을 내놓은 사람은 수학, 확률 문제에 대해 야코프 베르누이와 지속적으로 편지를 주고받았던 당대의 대학자 라이프니츠 (Gottfried Wilhelm Leibniz, 1646~1716)였다.

개이지만 질병의 수효는 무한이라는 의견이 있다. 이에 대해서는 질병의 수가 무한하기보다는 아주 많다고 답할 수 있겠다. 질병의 수가 무한이라고 해 보자. 두 무한 사이에서도 어떤 확실한 비가 있을 수 있으며 그 비는 유한한 숫자로 표현되거나 아니면 적어도 적절한 근삿값으로 표현될 수 있다. 따라서 지름과 원주의 비는 확실한 수다. 그 수는 무한히 계속되는 루돌프 순환수로만 정확하게 표현할 수 있다. 하지만 아르키메데스, 메티우스, 그리고 루돌프 자신도 실제 계산에서는 그 비를 충분히 근접한 두 값 사이에 있는 값으로 정의했다.[49] 그러므로 유한한 횟수의 실험으로 정해진 유한한 수를 가지고 무한한 두 숫자의 비

---

49) 루돌프(Ludolph van Ceulen, 1540~1610)는 네덜란드 수학자로서 π를 연구하여 그 값을 서른다섯 째 자릿수까지 구했다. 그 결과 유럽 일부 지역에서는 오랫동안 π를 '루돌프 수(Ludolphine number)'라고 부르기도 했다. 수학이나 천문학의 역사에서 보통 메티우스라고 하면 네덜란드 기하학자이자 천문학자인 아드리안 메티우스(Adriaen Metius, 1571~1635)를 말한다. 그는 1625년에 발표한 책에서 π의 값으로 $\frac{355}{113}$라는 값을 소개해 널리 알린 사람인데, 이 값은 그의 아버지 아드리안 안토니스(Adriaen Anthonisz, 1527~1607)의 연구 결과에 바탕을 둔 것이다. 본문에서 베르누이가 거론한 메티우스가 아버지와 아들 가운데 어느 쪽인지에 대해서는 후대 학자들 사이에서도 의견이 갈린다. 한편 고대 그리스의 아르키메데스(Archimedes, BC 287~BC 212)가 구한 π값의 범위는 $3\frac{1}{7}$과 $3\frac{10}{71}$ 사이였다.

를 근사적으로 표현하는 데는 아무런 문제도 없다.

3. 세 번째로, 질병의 수는 고정된 것이 아니며 매일 새로운 질병이 생긴다는 의견이 있다. 물론 우리는 시간에 따라 질병 수가 증가한다는 것을 부인할 수 없다. 그리고 현재의 관측 결과를 가지고 아주 먼 옛날 조상들에 대해 어떤 결론을 내린다면 그 결론은 진실과 매우 동떨어진 것이 분명하다. [페이지 228] 하지만 이는 항아리 속에 든 돌의 수가 바뀌었다고 생각되면 그만큼 새로운 관측을 더 해야 한다는 점을 말할 뿐이다.

제5장
앞에서 제기한 문제의 풀이

증명이 매우 길기 때문에 가급적 짧고 명확하게 나타내기 위해 모든 것을 추상적인 수학 표현으로 바꾸고 아래의 보조정리들은 그 증명에서 따로 분리했다. 이 보조정리들을 증명하고 나면 나머지는 단순한 응용에 지나지 않을 것이다.

보조정리 1. 0에서 시작하여 $0, 1, 2, 3, 4$ 등의 자연수 순서로 배열된 수열이 있다고 하자. 그 수열의 가장 큰 값이자 마지막 값은 $r+s$이며 도중에 어떤 수 r이 있고 그 바로 앞, 뒤에 $r+1$과 $r-1$이 있다. 이 수열이 $r+s$의 어떤 배수에 이를 때까지, 즉 $nr+ns$까지 더 계속된다면 r과 $r+1, r-1$ 역시 같은 비로 커져서 $nr, nr+n, nr-n$이 될 것이고 원래 수열

$$0, 1, 2, 3, 4, \cdots, r-1, r, r+1, \cdots, r+s$$

는 다음과 같이 바뀔 것이다.

$$0, 1, 2, 3, 4, \cdots, nr-n, \cdots, nr, \cdots, nr+n, \cdots, nr+ns$$

이렇게 하면 nr과 $nr-n$ 또는 $nr+n$사이에 있는 항,

그리고 $nr-n$에서 0 사이, $nr+n$에서 마지막 항 $nr+ns$ 사이에 있는 항의 수가 늘어난다. 하지만 (n을 아무리 크게 두더라도) $nr+n$을 넘는 수는 결코 nr과 $nr-n$, 또는 nr과 $nr+n$사이에 포함되는 항의 수에 $s-1$을 곱한 것보다 클 수 없으며, $nr-n$보다 앞에 있는 항의 수도 역시 그 수에 $r-1$을 곱한 것보다 클 수 없다. 그 이유는 뺄셈을 해보면 명백하게 알 수 있듯이 $nr+n$과 $nr+ns$ 사이에는 $ns-n$개 항이 있고, $nr-n$에서 0 사이에는 $nr-n$개 항이 있으며, nr과 $nr-n$, 또는 ns와 $ns+n$ 사이에는 항이 n개 있기 때문이다. $(ns-n):n::(s-1):1$이고 $(nr-n):n::(r-1):1$이므로 증명은 끝났다. [페이지 229]

보조정리 2. 이항 $r+s$를 정수로 거듭제곱하면 그 항의 수는 거듭제곱하는 그 정수보다 하나 더 많다. 즉, 항의 수는 제곱하면 셋, 세제곱하면 넷, 네제곱하면 다섯 등이다.

보조정리 3. 이항의 거듭제곱($r+s=t$, 또는 거기에 무엇을 곱한 $nr+ns=nt$를 어떤 차수로 거듭제곱한 것)에서 어떤 항 M보다 앞에 있는 항의 수와 뒤에 있는 항의 수가 $s:r$(또는 마찬가지로 그 항에 있는 문자 r과 s 의 차수

(멱수)들 자체가 $r:s$)이라고 하자. 그러면 항 M은 모든 항 가운데 가장 크다. 그리고 M의 왼쪽에 있는 항들 가운데 M 가까이에 있는 항이 멀리 있는 항보다 더 크다(오른쪽에서도 마찬가지다). 그러나 M과 M에 가까운 어떤 항의 비를 취하면, (사이에 있는 항의 수가 같다면) 그 항과 M에서 더 멀리 떨어져 있는 항의 비보다 작다.

증명 1. 수학자들은 이항 $r+s$의 nt제곱, 즉 $(r+s)^{nt}$을 다음과 같이 급수로 나타낼 수 있음을 알고 있다.

$$r^{nt}+\frac{nt}{1}r^{nt-1}s+\frac{nt(nt-1)}{1\cdot 2}r^{nt-2}ss$$

$$+\frac{nt(nt-1)(nt-2)}{1\cdot 2\cdot 3}r^{nt-3}s^{3}+\cdots+\frac{nt}{1}rs^{nt-1}+s^{nt}$$

여기서 r의 차수는 점점 낮아지고 s의 차수는 점점 높아지며, 앞에서 두 번째 항과 끝에서 두 번째 항의 계수는 $\frac{nt}{1}$이고 앞에서 세 번째 항과 뒤에서 세 번째 항의 계수는 $\frac{nt(nt-1)}{(1\cdot 2)}$이며 앞에서 네 번째 항과 뒤에서 네 번째 항의 계수는 $\frac{nt(nt-1)(nt-2)}{(1\cdot 2\cdot 3)}$와 같은 식으로 이어진다. 또 항 M을 제외한 모든 항의 수는 보조정리 2에 따라 $nt=nr+ns$개다. 그런데 가정에 따라 M보다 앞에 있는 항들의 수와 M보다 뒤에 있는 항들의 수는 그 비가 $s:r$이므로 M보다 앞에 있는 항들의 수는 ns개이고 M보다 뒤에 있는 항들의 수는 nr개다. 따라서 급수 만들 때의 법칙에 따라 항 M은

$$\frac{nt(nt-1)(nt-2)\cdots(nt-ns+1)}{1\cdot2\cdot3\cdot4\cdots ns}r^{nr}s^{ns}$$

$$=\frac{nt(nt-1)(nt-2)\cdots(nr+1)}{1\cdot2\cdot3\cdot4\cdots ns}r^{nr}s^{ns}$$

또는

$$\frac{nt(nt-1)(nt-2)\cdots(nt-nr+1)}{1\cdot2\cdot3\cdot4\cdots nr}r^{nr}s^{ns}$$

$$=\frac{nt(nt-1)(nt-2)\cdots(ns+1)}{1\cdot2\cdot3\cdot4\cdots nr}r^{nr}s^{ns}$$

이 된다. 비슷한 방법으로 그 항에 가장 가까운 왼쪽, 오른쪽 항은 각각 [페이지 230]

$$\frac{nt(nt-1)(nt-2)\cdots(nr+2)}{1\cdot2\cdot3\cdot4\cdots(ns-1)}r^{nr+1}s^{ns-1},$$

$$\frac{nt(nt-1)(nt-2)\cdots(ns+2)}{1\cdot2\cdot3\cdot4\cdots(nr-1)}r^{nr-1}s^{ns+1}$$

이고 그다음 가까운 왼쪽, 오른쪽 항은 각각 다음과 같음을 알 수 있다.

$$\frac{nt(nt-1)(nt-2)\cdots(nr+3)}{1\cdot2\cdot3\cdot4\cdots(ns-2)}r^{nr+2}s^{ns-2},$$

$$\frac{nt(nt-1)(nt-2)\cdots(ns+3)}{1\cdot2\cdot3\cdot4\cdots(nr-2)}r^{nr-2}s^{ns+2}$$

같은 계수와 거듭제곱 항들을 소거하고 나면 항 M과 그 항에 가장 가까운 왼쪽 항의 비는 $(nr+1)s$ 대 $ns \cdot r$이며, M에 가장 가까운 왼쪽 항과 그다음 왼쪽 항의 비는 $(nr+2)s:(ns-1)r$ 등과 같다. 또 반대 방향을 보면 항 M과 그 항에 가장 가까운 오른쪽 항의 비는 $(ns+1)r:nr \cdot s$이며, M에 가장 가까운 오른쪽 항과 그다음 오른쪽 항의 비는 $(ns+2)r:(nr-1)s$ 등과 같다. 그런데

$(nr+1)s[=nrs+s] > ns \cdot r[=nrs]$,

$(nr+2)s[=nrs+2s] > (ns-1)r[=nrs-r]$, $\cdots$

$(ns+1)r[=nrs+r] > nr \cdot s[=nrs]$,

$(ns+2)r[=nrs+2r] > (nr-1)s[=nsr-s]$,$\cdots$

이다. 따라서 M은 오른쪽으로든 왼쪽으로든 바로 곁에 있는 항보다 크며, 또 M 바로 곁에 있는 항들은 그다음에 있는 항보다 크다. 증명 끝.

증명 2. $\frac{(nr+1)}{ns}$라는 비는 명백하게 비 $\frac{(nr+2)}{(ns-1)}$보다 작다. 따라서 비 $\frac{s}{r}$를 곱하면 $\frac{(nr+1)s}{(ns \cdot r)} < \frac{(nr+2)s}{(ns-1)r}$이고 비슷하게 $\frac{(ns+1)}{nr} < \frac{(ns+2)}{(nr-1)}$에 $\frac{r}{s}$을 곱하면 $\frac{(ns+1)r}{nrs} < \frac{(ns+2)r}{(nr-1)s}$이 된다. 그런데 $\frac{(nr+1)s}{(nsr)}$는 M과

그 바로 왼쪽 항의 비이고 $\frac{(nr+2)s}{(ns-1)r}$는 M의 바로 왼쪽 항과 그다음 왼쪽 항의 비다. 마찬가지로 $\frac{(ns+1)r}{(nsr)}$은 M과 그 바로 오른쪽 항의 비이고 $\frac{(ns+2)r}{(nr-1)s}$은 M의 바로 오른쪽 항과 그다음 오른쪽 항의 비다. 나머지 다른 항들에 대해서도 같은 방법으로 보일 수 있다. 따라서 가장 큰 항 M과 M에 가까운 어떤 항의 비는 (사이에 있는 항의 수가 같다고 할 때) 그 항과 M에서 더 먼 항의 비보다 작다. 증명 끝. [페이지 231]

보조정리 4. 이항의 nt제곱에서 최대항 M으로부터 n항만큼 왼쪽, 오른쪽으로 떨어져 있는 항을 L과 Λ라고 할 때 M과 L, 그리고 M과 Λ의 비가 주어진 어떤 비보다 커지도록 n을 택할 수 있다.

증명. 앞의 보조정리에서 최대항 M은 다음과 같았다.

$$\frac{nt(nt-1)(nt-2)\cdots(nr+1)}{1\cdot2\cdot3\cdot4\cdots ns}r^{nr}s^{ns}$$

또는

$$\frac{nt(nt-1)(nt-2)\cdots(ns+1)}{1\cdot2\cdot3\cdot4\cdots nr}r^{nr}s^{ns}$$

이다. 그리고 급수를 만드는 방법을 따라 (계수의 분자에서 마지막 곱해지는 항에 n을 더하고, 분모에서 마지막 곱해지는 항에서 n을 빼고, r과 s 가운데 한 군데에서는 거듭제곱하는 수에 n을 더하고 다른 한 군데에서는 n을 빼면) L과 Λ를 다음과 같이 얻는다.

왼쪽에 있는 L:

$$\frac{nt(nt-1)(nt-2)\cdots(nr+n+1)}{1\cdot 2\cdot 3\cdot 4\cdots(ns-n)}r^{nr+n}s^{ns-n}$$

오른쪽에 있는 Λ:

$$\frac{nt(nt-1)(nt-2)\cdots(ns+n+1)}{1\cdot 2\cdot 3\cdot 4\cdots(nr-n)}r^{nr-n}s^{ns+n}$$

같은 항들을 적절히 소거하고 나면

$$\frac{M}{L}=\frac{(nr+n)(nr+n-1)(nr+n-2)\cdots(nr+1)\times s^n}{(ns-n+1)(ns-n+2)(ns-n+3)\cdots ns\times r^n}$$

$$\frac{M}{\Lambda}=\frac{(ns+n)(ns+n-1)(ns+n-2)\cdots(ns+1)\times r^n}{(nr-n+1)(nr-n+2)(nr-n+3)\cdots nr\times s^n}$$

또는 r^n, s^n 대신 계수의 분자, 분모 항마다 r 또는 s를 하나씩 곱해 주면 다음과 같아진다.

$$\frac{M}{L}=\frac{(nrs+ns)(nrs+ns-s)(nrs+ns-2s)\cdots(nrs+s)}{(nrs-nr+r)(nrs-nr+2r)(nrs-nr+3r)\cdots nrs}$$

$$\frac{M}{\Lambda}=\frac{(nrs+nr)(nrs+nr-r)(nrs+nr-2r)\cdots(nrs+r)}{(nrs-ns+s)(nrs-ns+2s)(nrs-ns+3s)\cdots nrs}$$

그런데 n이 무한히 커진다면 이 비들도 무한히 커짐을 증명하자. $1, 2, 3, \cdots$은 n에 비해 무시할 만큼 작으므로 없어지고 $nr \pm n \mp 1, nr \pm n \mp 2, nr \pm n \mp 3$ 등과 $ns \pm n \mp 1, ns \pm n \mp 2, ns \pm n \mp 3$ 등은 모두 $nr \pm n$과 $ns \pm n$이 되므로 n으로 나눠 주면 다음과 같다. [페이지 232]

$$\frac{M}{L}=\frac{(rs+s)(rs+s)(rs+s)\cdots rs}{(rs-r)(rs-r)(rs-r)\cdots rs}$$

$$\frac{M}{\Lambda}=\frac{(rs+r)(rs+r)(rs+r)\cdots rs}{(rs-s)(rs-s)(rs-s)\cdots rs}$$

이들은 인수의 수만큼 $\frac{(rs+s)}{(rs-r)}$ 또는 $\frac{(rs+r)}{(rs-s)}$과 같은 비들이 곱해져 있다. 그런데 맨 앞에 있는 $nr+n$ 또는 $ns+n$과 맨 끝에 있는 $nr+1$ 또는 $ns+1$의 차이가 $n-1$이므로 인수의 수는 n, 즉 무한히 많다. 따라서 비 $\frac{M}{L}$과 $\frac{M}{\Lambda}$는 $\frac{(rs+s)}{(rs-r)}$ 또는 $\frac{(rs+r)}{(rs-s)}$이 무한히 많이 곱해진 것으로서 무한히 크다. 만약 이 결론이 믿기지 않는다면 연

비례(continued proportion) 관계에 있는 무수히 많은 항들을 생각해 보자. 이어지는 두 항이 항상 $(rs+s):(rs-r)$ 또는 $(rs+r):(rs-s)$에 비례한다면 첫째 항과 셋째 항의 비는 $\frac{(rs+s)}{(rs-r)}$ 또는 $\frac{(rs+r)}{(rs-s)}$의 제곱이 되고 첫째 항과 넷째 항의 비는 그 세제곱, 첫째 항과 다섯째 항의 비는 네제곱이 되며, 첫째 항과 마지막 항과의 비를 구하면 $\frac{(rs+s)}{(rs-r)}$ 또는 $\frac{(rs+r)}{(rs-s)}$의 무한 거듭제곱 항이 된다. 마지막 항은 0이므로[《무한급수론(De Seriebus Infinitis)》의 여섯 번째 정리의 따름정리를 보라.[50]] 마지막 항에 대한 첫째 항의 비는 무한히 커진다. 따라서 $\frac{(rs+s)}{(rs-r)}$ 또는 $\frac{(rs+r)}{(rs-s)}$의 무한 거듭제곱은 무한히 큰 값

---

50) 베르누이의 《무한급수론(Tractatus de Seriebus Infinitis)》은 1689년부터 1704년 사이에 나왔는데 1713년 《추측술》이 발표될 때 따로 독립해서 발표되었다. 여섯 번째 정리의 따름정리 내용은 감소하는 등비수열의 극한은 0이라는 것이다. 예를 들어 $\frac{(rs+s)}{(rs-r)}$ 을 R이라고 두면 a_1, a_2, a_3이 연비례 관계, 즉 $a_1:a_2=a_2:a_3$이고 $\frac{a_1}{a_2}=\frac{a_2}{a_3}=R$이라면 $a_3=(\frac{1}{R^2})a_1$이며 $a_n=(\frac{1}{R^n})a_1$인데 $R>1$이므로 이 수열은 감소수열이고 그 극한은 0이 된다. 그런데 우리가 구하고 싶은 $\frac{M}{L}$은 그 수열의 역수에 해당하므로 결국 무한히 큰 값을 갖는다.

이다. 그러므로 최대항 M과 L의 비, 그리고 M과 Λ의 비는 어떤 주어진 비보다도 크다. 증명 끝.

보조정리 5. 앞의 보조정리들과 마찬가지 가정을 하면 가운데 가장 큰 항 M과 L, Λ 사이에 있는 (이 세 항을 포함한) 모든 항의 합과 L, Λ 바깥 나머지 항들의 합의 비를 주어진 어떤 비 값보다 커지도록 n을 크게 잡을 수 있다.

증명. 최대항 M에서 두 번째[51] 왼쪽 항을 F, 세 번째 왼쪽 항을 G, 네 번째 왼쪽 항을 H라 하고 L에서 두 번째 왼쪽에 있는 항을 P, 세 번째 왼쪽에 있는 항을 Q, 네 번째 왼쪽 항을 R 등으로 이름 붙이자. 보조정리 3의 두 번째 결과에서 $\frac{M}{F}<\frac{L}{P}, \frac{F}{G}<\frac{P}{Q}, \frac{G}{H}<\frac{Q}{R}$ 등이 되고, 또한 $\frac{M}{L}<\frac{F}{P}<\frac{G}{Q}<\frac{H}{R}$ 등이 된다. 보조정리 4에서 무한히 큰 n에 대해 $\frac{M}{L}$이 무한히 크므로 $\frac{F}{P}, \frac{G}{Q}, \frac{H}{R}, \cdots$ 역시 모두 무한히 크고 $\frac{F+G+H+\cdots}{P+Q+R+\cdots}$ 또한 무한히 크다. 즉 M에서

---

51) 편집자 일러두기에서 언급한 셰이닌(Sheynin, 2005)이 지적하듯 베르누이가 여기서 '두 번째'라고 일컫는 것은 실제로는 바로 다음 항, 즉 '첫 번째' 항이다. 본문 아래의 '설명을 위해 덧붙인 해설'에서도 마찬가지다. '두 번째'는 '첫 번째'로, '세 번째'는 '두 번째'로 읽어야 한다.

L 사이에 있는 항을 합한 것은 L 왼쪽에 있는 항으로서 같은 수의 항을 합한 것보다 무한히 더 크다. 그리고 보조정리 1에 따라 L보다 왼쪽에 있는 모든 항들의 수는 L과 M 사이에 있는 항의 수를 $(s-1)$배 넘게(즉 유한한 배수) 클 수 없고 그 항 자체는 보조정리 3의 첫 번째 결과에서 L에서 멀어질수록 작아지므로, L과 M 사이에 있는 모든 항을 합한 것은 (M을 빼더라도) L보다 왼쪽에 있는 항을 모두 합한 것보다 무한히 더 크다. 비슷한 방법으로 $\varLambda$와 M 사이에 있는 모든 항을 합한 것은 $\varLambda$보다 오른쪽에 있는 항을 모두 합한 것(보조정리 1에 의해 $\varLambda$보다 오른쪽에 있는 모든 항들의 수는 $\varLambda$와 M 사이에 있는 항의 수를 $(r-1)$배 넘게 클 수 없다)보다 무한히 더 크다. 그러므로 마지막으로, L과 $\varLambda$ 사이에 있는 모든 항들의 합(최대항은 제외할 수 있다)은 그 바깥에 있는 항들의 합보다 무한히 더 크다. 결과적으로 L과 $\varLambda$ 사이에 있는 항의 합에 최대항까지 포함되면 더욱더 무한히 커진다.

설명을 위해 덧붙인 해설 : 무한에 대한 논의에 익숙하지 않은 사람들은 보조정리 4와 5에 동의하지 않을지 모르겠다. 즉 그들이 생각하기에, n이 무한히 큰 경우 1, 2, 3 등의 숫자들이 각 인수에서 소거되므로 $\frac{M}{L}$, $\frac{M}{\varLambda}$을 표현할 때 나오는 $nr \pm n \mp 1, nr \pm n \mp 2, nr \pm n \mp 3$ 등과 $ns \pm n \mp 1, ns \pm n \mp 2, ns \pm n \mp 3$ 등이 모두 $nr \pm n$, $ns \pm n$과 같은 값이 된다 할지라도 여전히 (곱하는 것의 수가 무한이므로) 한꺼번에 생각하거나 하나씩 곱하면 그 것들이 무한히 커져 $\frac{(rs+s)}{(rs-r)}$ 또는 $\frac{(rs+r)}{(rs-s)}$의 무한 거듭 제곱을 무한히 감소시킨 결과 그 비를 유한하게 만들 수도 있으리라는 것이다. 이런 우려에 대해서는 L과 Λ 사이에 있는 항의 합과 그 바깥에 있는 항의 합의 비가 아무리 큰 비(내가 c라고 나타낸 것)가 주어지더라도 그보다 크게 되도록 유한한 수 n 또는 이항의 유한한 거듭제곱을 유도하는 방법을 실제로 보이는 것이 가장 좋을 듯하다. 그것을 보이고 나면 이러한 반대는 반드시 사라질 것이다. [페이지 234]

이를 위해 (L의 왼쪽 항들에 해당하는) 비 $\frac{(rs+s)}{(rs-r)}$보다 작은 어떤 비—예를 들어 $\frac{(rs+s)}{rs}$나 $\frac{(r+1)}{r}$과 같은 비—를 택해 여러 차례(m번) 거듭제곱하여 $c(s-1)$과 1의 비보다 크거나 같게, 다시 말해서 $\frac{(r+1)^m}{r^m} \geq c(s-1)$처럼 되게 하자. 이 부등식이 성립할 때는 로그 함수를 이용해서 더 빨리 알아볼 수 있다. 로그 함수를 취하면

$m\log(r+1)-m\log r \geq \log[c(s-1)]$이 되고 $m \geq \dfrac{\log[c(s-1)]}{[\log(r+1)-\log r]}$이 된다. 계속해서 분수들로 이루어진 수열 $\dfrac{nrs+ns}{nrs-nr+r}$, $\dfrac{nrs+ns-s}{nrs-nr+2r}, \dfrac{nrs+ns-2s}{nrs-nr+3r}, \cdots, \dfrac{nrs+s}{nrs}$에 대해 보조정리 4를 이용하면 이 수열을 곱한 것이 $\dfrac{M}{L}$이 된다. 그런데 이 수열을 이루는 개별 분수들은 $\dfrac{(rs+s)}{(rs-r)}$보다 작지만 n이 커질수록 $\dfrac{(rs+s)}{(rs-r)}$에 가까워진다. 따라서 그들 중 하나는 조만간 $\dfrac{(rs+s)}{rs}=\dfrac{(r+1)}{r}$과 같아질 것이다. 이제 수열의 위치가 m인 분수가 $\dfrac{(r+1)}{r}$과 같아지려면 n이 얼마나 되어야 할지 찾아야 한다. 하지만 (수열을 만드는 법칙에서 알 수 있듯) 위치가 m인 분수는 $\dfrac{(nrs+ns-ms+s)}{(nrs-nr+mr)}$이므로 이것과 $\dfrac{(r+1)}{r}$이 같아지는 n이 $n=m+\dfrac{(ms-s)}{(r+1)}$와 같음을 알 수 있고 $nt=mt+\dfrac{(mst-st)}{(r+1)}$임을 알 수 있다. 이 값은 $r+s$를 거듭제곱할 때 최대항 M이 L에 비해 $c(s-1)$배보다 더 커

지기 위해 필요한 거듭제곱 횟수다. 이렇게 n을 정하면 위치가 m인 분수는 $\frac{(r+1)}{r}$이고 이를 m번 거듭제곱한 $\frac{(r+1)^m}{r^m}$는 $c(s-1)$보다 같거나 크다. [페이지 235] 따라서 위치 m인 분수에 그보다 앞선 분수들을 모두 곱하면 (각 분수들이 모두 $\frac{(r+1)}{r}$보다 크므로) 그 결과는 $c(s-1)$보다 더 커진다. 그러므로 위치 m인 분수에다 그 뒤에 따라오는 분수들을 모두 곱하면 각 분수들이 1 이상이므로 $c(s-1)$보다 더 클 것이다. 하지만 앞서 우리가 보였듯 $\frac{M}{L} < \frac{F}{P} < \frac{G}{Q} < \frac{H}{R} < \cdots$ 이므로 최대항 M에서 두 번째 항은, L에서 두 번째 항보다 $c(s-1)$배가 넘게 크고, M에서 세 번째 항은 L에서 세 번째 항보다 더욱더 크다. 그렇게 하여 마지막에는 M과 L 사이의 모든 항의 합은 그 바깥에 있는 항 가운데 가장 큰 것부터 시작하여 그와 같은 수의 항을 합한 것보다 $c(s-1)$배 넘게 더 크다. 비슷한 이유로, M과 L 사이의 모든 항의 합은 L 바깥에 있는 항 가운데 가장 큰 것부터 시작해 같은 수의 항을 합한 것을 $(s-1)$배한 것보다 c배 넘게 클 것이다. 그러므로 앞의 합은 L 바깥에 있는 모든 항(그 수는 M과 L 사이에 있는 항의 수보다 겨우 $(s-1)$배를 넘지 못한다)을 합한 것

보다 c배 넘게 더 크다는 것은 더욱 확실하다.

오른쪽 항에 대해서도 마찬가지다. $\frac{(s+1)}{s} < \frac{(rs+r)}{(rs-s)}$ 이라는 비에 대해서 $\frac{(s+1)^m}{s^m} \geq c(r-1)$이므로 $m \geq \frac{\log[c(r-1)]}{\log(s+1)-\log s}$이고 비 $\frac{M}{\Lambda}$에 포함된 분수들의 수열 $\frac{nrs+nr}{nrs-ns+s}, \frac{nrt+nr-r}{nrs-ns+2s}, \frac{nrs+nr-2r}{nrs-ns+3s}, \cdots, \frac{nsr+r}{nrs}$ 가운데 순서가 m인 분수, 즉 $\frac{nrs+nr-mr+r}{nrs-ns+ms}$는 $\frac{(s+1)}{s}$와 같다고 가정한다. 이로부터 $n=m+\frac{mr-r}{s+1}$, $nt=mt+\frac{mrt-rt}{s+1}$가 유도된다. 다음으로 앞에서와 마찬가지로 이항 $r+s$를 여기서 구한 차수만큼 거듭제곱했을 때의 최대항 M은 Λ보다 $c(r-1)$배 넘게 크며 또한 결과적으로 M과 Λ 사이에 있는 항들의 합은 Λ보다 오른쪽에 있는 항들(그 수는 M과 Λ 사이에 있는 항들의 수보다 $r-1$배 넘게 많지 않다)의 합보다 c배 넘게 크다. 따라서 우리는 마지막으로 이항 $r+s$의 거듭제곱 차수를 [페이지 236] $mt+\frac{(mst-st)}{(r+1)}$와 $mt+\frac{mrt-rt}{s+1}$ 가운데 더 큰 것으로 정하면 L과 Λ 사이에 있는 모든 항의 합은 L과 Λ 바깥

에 있는 항들을 모두 합한 것을 c배 한 것보다 훨씬 더 크다. 이리하여 우리는 우리가 원했던 성질을 지닌 유한한 거듭제곱 차수를 찾았다.

중심정리. 지금까지 공부한 것들은 모두 다 바로 이 정리를 위한 것들인데 앞에서 나온 보조정리들을 단지 응용하기만 하면 이 정리를 보일 수 있다. 번거로움을 피하고자 단도직입적으로 나는 어떤 사건이 일어날 수 있는 경우를 **다산**(fertile, fecund)인 경우라고 부르겠다. 또 그 사건이 일어날 수 없는 경우들을 **불모**(sterile)의 경우라고 부르겠다. 나는 **다산**인 경우들 중 하나가 일어났던 실험을 또한 **다산** 실험이라고 부르고 불모인 경우가 일어났던 실험은 **불모** 실험이라고 부르겠다. 다산인 경우의 수와 불모인 경우의 수는 정확하게 또는 근사하게 $\frac{r}{s}$이라는 비를 따른다고 하고 전체 경우의 수에 대한 다산인 경우의 수는 $\frac{r}{(r+s)}$, 또는 $\frac{r}{t}$이라고 하면, 이 비는 $\frac{(r+1)}{t}$과 $\frac{(r-1)}{t}$이라는 두 경계 사이에 있게 된다. 우리가 보일 것은 실험을 많이 하면 어떠한 값(c로 나타낸다)이 주어지더라도 다산인 관측 수가 이 두 경계의 바깥이 아니라 그 사이에 들어갈, 다시 말해서 전체 관측 수와 다산인 관측 수의 비가

$\frac{(r+1)}{t}$보다 크지 않고 $\frac{(r-1)}{t}$보다 작지 않게 될 가능성이 c배가 된다는 것이다.

증명. 가능한 관측 횟수를 nt라고 하자. 모든 관측이 예외 없이 다산이 될 기댓값 또는 확률을 구해야 한다. 또 단 한 번만 불모이고 나머지 모두는 다산일 때, 또 두 번만, 세 번만 불모이고 나머지 모두는 다산일 때 등등의 기댓값 또는 확률을 구해야 한다. 그런데 가정에 따르면 각 관측에는 총 t가지 경우들이 있고 그중 r개는 다산, s개는 불모이며 한 관측에서의 각 경우들은 다른 관측에서의 각 경우들과 결합될 수 있으며 결합된 경우들은 세 번째, 네 번째 등등의 관측의 경우들과 결합될 수 있으므로, [페이지 237] 이 문제는 이 책 제1부의 정리 13(사실은 정리 12)과 그 보조정리 마지막에 덧붙인 해설에 있는 규칙에 해당한다. 거기에 제시되어 있는 일반식을 이용하면 불모인 관측이 하나도 없을 기댓값은 $r^{nt}:t^{nt}$이고 단 하나 있을 기댓값은 $(\frac{nt}{1})r^{nt-1}s:t^{nt}$ 이며 둘 있을 기댓값은 $[\frac{nt(nt-1)}{(1\cdot 2)}]r^{nt-2}ss:t^{nt}$, 셋일 기댓값은 $[\frac{nt(nt-1)(nt-2)}{(1\cdot 2\cdot 3)}]r^{nt-3}s^3:t^{nt}$ 등등이 된다. 결국 공통분모인 t^{nt}를 생략하면 모든 실험이 다산이 될 경우의 수와,

하나, 둘, 일반적으로 n개를 뺀 모든 것이 다산이 될 경우의 수는 각각 다음과 같다.

$$r^{nt}, \frac{nt}{1}r^{nt-1}s, \frac{nt(nt-1)}{1\cdot 2}r^{nt-2}ss,$$

$$\frac{nt(nt-1)(nt-2)}{1\cdot 2\cdot 3}r^{nt-3}s^3, \cdots$$

사실 이 항들은 이항 $r+s$를 nt번 거듭제곱할 때 나오는 것들로서 이미 보조정리에서 살펴본 것들이다. 따라서 나머지 증명 과정은 명백해졌다. 즉 급수의 성질로부터 다산성 nr개와 불모성 ns개를 합친 경우의 수는 ns개 항이 그 항보다 먼저 나오고 nr개 항이 나중에 나오므로 보조정리 3에 따라 최대항 M에 해당한다. 같은 방법으로 다산인 관측이 $nr+n$개 또는 $nr-n$개이고 나머지가 불모일 때 경우의 수는 최대항 M에서 양쪽으로 n만큼씩 떨어진 항으로 L과 Λ로 표현된다.

결과적으로 다산의 관측이 $nr+n$개를 넘지 않고 또한 $nr-n$개보다 적지 않은 경우의 합은 L과 Λ 사이에 있는 항들의 합으로 표현된다. 그리고 다산의 관측이 $nr+n$개를 넘거나 $nr-n$개보다 적게 일어나는 경우들의 합은 L과 Λ 바깥에 있는 항들의 합으로 표현된다. 이제 이항의 거듭제곱 차수를 아주 크게 하면 보조정리 4와 5에 따라 L

과 Λ를 포함하고 그 사이에 있는 항의 합은 L과 Λ 바깥에 있는 항들을 합한 것보다 c배 넘게 크다. 따라서 관측을 많이 하면, 모든 관측 수에 대한 다산인 관측 수의 비가 $\frac{nr+n}{nt}$과 [페이지 238] $\frac{nr-n}{nt}$ 또는 $\frac{r+1}{t}$과 $\frac{r-1}{t}$을 넘지 않는 경우의 수가 그렇지 않은 경우의 수를 c배 한 것보다 더 크게 되도록 할 수 있다. 다시 말해서 다산인 관측 수와 모든 관측 수의 비가 $\frac{r+1}{t}$과 $\frac{r-1}{t}$ 바깥보다 그 사이에 있을 가능성이 c배 더 높게 할 수 있다. 증명 끝.

이 결과를 몇 가지 숫자에 대해 예를 들어 보자. 같은 비라면 r, s, t를 크게 잡을수록 비 $\frac{r}{t}$에 대한 한계 $\frac{r+1}{t}$과 $\frac{r-1}{t}$이 더 좁아질 것은 자명하다. 그러므로 관측으로 결정해야 하는 경우의 수 사이의 비 $\frac{r}{s}$이 가령 $\frac{3}{2}$이라면 나는 r, s를 3과 2로 두는 대신 30과 20, 또는 300과 200 등으로 둘 것이다. $r=30, s=20$으로 두면 $t=r+s=50$이므로, $\frac{(r+1)}{t}=\frac{31}{50}$, $\frac{(r-1)}{t}=\frac{29}{50}$이 되어 충분하다. 여기에 덧붙여 $c=1000$이라고 가정해 보자. 그러면 앞서 설명을 위한 해설에 따라

왼쪽:

$$m > \frac{\log[c(s-1)]}{\log(r+1)-\log r} = \frac{4.2787536}{142405} < 301$$

$$nt = mt + \frac{mst-st}{r+1} < 24728$$

오른쪽:

$$m > \frac{\log[c(r-1)]}{\log(s+1)-\log s} = \frac{4.4623980}{211893} < 211$$

$$nt = mt + \frac{mrt-rt}{s+1} = 25550$$

이다. 따라서 앞에서 증명한 바 있듯, 실험을 2만 5550번 한다면 전체 횟수에 대한 다산인 관측의 비가 $\frac{31}{50}$과 $\frac{29}{50}$ 사이에 있을 가능성이 그 바깥에 있을 가능성보다 1000배도 넘게 된다. 또 같은 방법으로 $c=10000$ 또는 $c=100000$으로 두면 3만 1258회 실험을 하면 1만 배도 넘고 [페이지 239] 실험을 3만 6966회 하면 10만 배도 넘게 된다. 이렇게 무한히 계속할 수 있는데 실험 횟수는 2만 5550회에 매번 5708회를 더하면 된다. 이로부터 마침내

주목할 만한 결과가 나온다. 어떤 사건이든 끝까지 무한히 (확률이라는 것이 완전한 확실성으로 바뀌도록) 계속 관측하면 이 세상에 있는 모든 것은 정확한 비와 정해진 변화 법칙에 따른다는 것을 알 수 있게 될 것이다. 그리하여 지금 비할 나위 없이 변덕스럽고 우연에 따르는 것에서조차도 우리는 어떤 필연성과, 이를테면 불가피성을 인정할 수밖에 없을 것이다. 모든 것은 셀 수 없이 오랜 기간이 지나고 나면 원래의 상태로 돌아간다는 예언이 들어 있는 주장을 플라톤이 했을 때 그 자신도 이미 이를 주장하고 싶었는지 모를 일이다.

해설

1. 야코프 베르누이와 《추측술》

야코프 베르누이는 1654년 스위스 바젤에서 상인의 아들로 태어나 천문학과 수학을 공부한 뒤 1687년부터 바젤 대학 수학 교수로 평생을 보낸 사람이다. 수학자로서 그는 당대의 대학자인 라이프니츠와 교류하면서 미분방정식과 적분 등에 대한 연구를 발표했다. 그의 동생 장(Jean 또는 Johann 또는 John) 역시 흐로닝언(Groningen) 대학의 교수로서 유명한 수학자였는데, 두 사람은 학문적으로 경쟁자였을 뿐만 아니라 사이 나쁜 형제의 대표적인 경우로서 오로지 수학 논문(당연히 풀기 어려운 문제를 던져 상대를 공격하고 자신을 방어하는 논문)을 통해서만 의사소통을 할 정도였다고 한다. 형인 야코프가 1705년 열병으로 일찍 죽은 뒤 유고를 정리하여 《추측술》을 내는 일도 당연히 동생이 해야 할 일이었지만 두 사람 사이가 워낙 나빴기 때문에 야코프가 죽은 지 8년이 지난 뒤에 야코프의 아들인 니콜라스가 이 책을 출판했다.[52] 어쨌든 베르누이 집안은 야코프와 장뿐만 아니라 과학의 역사에서 유례가 없을 정도로 수학자, 과학자가 많이 배출된 집안이다.

《추측술》은 확률이라는 것을 새로운 수학 이론의 주인공으로 연구한 최초의 책이다. 우리는 오늘날 도박에서 경우의 수와 확률을 매우 밀접하게 생각한다. 하지만 18세기 초만 하더라도 그 둘은 멀리 떨어져 있었는데, 그 둘을 이어 준 책이 바로 베르누이의 《추측술》이라고 할 수 있다. 이 책은 확률에 대한 수학적인 연구가 등장한 지 약 반세기 뒤에 출판되었다. 1654년 파스칼과 페르마가 편지로 도박 문제를 수학적으로 풀기 시작한 이후 1657년 확률에 대한 출판물 최초로 하위헌스(Christiaan Huygens, 1629~1695)의 글이 발표되었다. 그 뒤 한동안 뜸하던 연구는 18세기 초에 스위스의 야코프 베르누이, 프랑스의 드몽모르(Pierre Rémond de Montmort), 영국의 드무아브르(Abraham de Moivre)[53]의 중요한 연구들이 출판되

---

52) 오랫동안 이 책을 출판한 사람은 지은이 야코프 베르누이의 조카인 니콜라스 베르누이로 알려져 있었다. 사실은 야코프의 아들인 또 다른 니콜라이가 아버지가 남긴 원고를 보관했다가 1713년에 책으로 냈고, 조카 니콜라이는 거기에 짧은 서문을 붙였을 뿐이다(Sylla, pp. 60~62).

53) 드무아브르(Abraham de Moivre, 1667~1754): 프랑스에서 태어

면서 크게 도약했다. 학자들은 베르누이가 《추측술》을 쓰기 시작한 시기가 1680년대라고 추정하고 있으므로 비록 출판 연도는 뒤지지만 베르누이의 연구는 세 사람 중 가장 앞선 것이었다.

2. 《추측술》의 구성

이 책은 제1부에서 제4부까지 모두 네 부분으로 이루어져 있다. 아래에서 보게 되듯이 《추측술》에는 베르누이의 독창적인 연구뿐만 아니라 다른 사람의 연구에 설명을 붙인 것, 이미 다른 사람이 발표한 결과 등이 함께 실려 있다. 그렇지만 이 책에는 그때까지 이루어진 기댓값(expectation)이나 조합(combination)에 대한 연구가 베르누이 나름의 해석과 함께 체계적으로 들어 있다. 또한 이 책에는 '확률'의 분명한 정의와 도박, 경제, 도덕 등 여러 분야에서의 확률 이용, 그리고 무엇보다 그때까지 볼 수 없었던 극한정리가 실려 있다.

제1부는 17세기 중엽 네덜란드의 저명한 과학자였던

났으나 21세에 종교적인 박해를 피해 영국으로 건너간 이후 평생 영국에서 활동한 수학자다. 그가 쓴 《우연론(Doctrine of Chances)》(1718, 1738, 1756)은 베르누이의 《추측술》과 더불어 18세기에 나온 확률에 대한 책 가운데 매우 중요한 연구로 평가된다.

하위헌스가 쓴《우연에 따르는 게임의 추론에 대하여(De Ratiociniis in Ludo Aleae)》(1657)를 그대로 싣고 거기에 베르누이가 상세한 해설을 덧붙인 것이다. 하위헌스의 글은 독립된 책으로 발표된 것이 아니고 다른 책에 부록으로 인쇄되었는데 약 반세기 동안 널리 읽힌 중요한 문헌이었다. 하위헌스의 글이 발표된 시기는 확률과 통계학의 역사에서 중요한 때였다. 앞에서 언급했던 파스칼과 페르마의 편지(1654년)가 나온 시기일 뿐 아니라 영국에서 그론트(John Graunt, 1620~1674)가《런던의 생명표(Natural and Political Observations on the London Bills of Mortality)》(1662)를 발표한 것도 바로 그 무렵이었다.

하위헌스의 글에는 정리가 열네 개 실려 있고 문제가 다섯 개 실려 있는데, 그중 세 번째 정리가《추측술》에서 가장 많이 활용되는 중요한 것이다. 한편 베르누이는 하위헌스의 모든 정리에 대해 해설을 상세하게 붙였고 모든 문제도 독자적인 방법으로 상세히 풀었다. 결국《추측술》제1부에서 베르누이의 해설은 하위헌스가 쓴 본문보다 네 배 정도로 길어졌다. 이 번역본에서는 정리 1부터 정리 4까지, 그리고 마지막에 있는 정리 14를 옮겼다. 또한 '도박사의 파산'에 관한 문제 5번도 옮겼다.

제2부의 내용은 조합과 순열에 대한 설명이다. 제2부

는 모두 아홉 개의 장으로 구성되어 있는데, 그중 순열이 소개되는 제1장 도형수(figurate numbers)와 조합이 소개되는 제2장(일부는 생략), 그리고 제3장을 번역했다. 제2부의 제3장에는 도형수의 중요한 성질과 조합의 관계, 그리고 조합을 이용하여 자연수를 거듭제곱한 것의 합을 표현하는 식 등이 들어 있다.

제3부는 새로운 이론이나 방법이 소개되지 않기 때문에 《추측술》 가운데 덜 중요하게 평가되는 부분이다. 내용은 제1부의 기댓값과 제2부의 조합에 대한 내용을 실제 게임 문제에 적용하는 것들로서 모두 스물네 문제와 풀이로 이루어져 있다. 여기에서는 19번 문제 하나만을 번역했다.

여기까지 볼 때, 《추측술》의 제1부부터 제3부까지는 기댓값과 조합에 대한 수학 이론을 정리하고 확장시킨 것을 우연에 따르는 게임 등에서 생기는 여러 문제에 적용한 것이 주요한 내용이라고 할 수 있다. 따라서 그것만으로는 이 책이 확률의 역사에서 크게 주목할 만한 책이 되기 어려웠을 것이다. 《추측술》의 가장 핵심적인 부분은 제4부다. 여기서 베르누이는 비로소 확률을 처음으로 정의하는데 그 정의에 따르자면 확률이란 '확실성이 어느 정도인가'를 말하는 것이다. 확률과 함께 제4부에서 중심이 되는 내용은 나중에 '큰 수의 약한 법칙(weak law of large numbers)'이라고 불리게 되는 중요한 정리와 그 증명이다. 이 정리는 확률 이론의 역사에서 최초로 등장한 극한 정리일 뿐 아니라 수학사 전체를 통틀어 보더라도 가장 먼저 등장한 극한 이론이었다. 이 정리를 베르누이가 어떻게 제시하고 증명했는지 베르누이 자신의 글을 살펴보면, 그가 생각한 정리는 여러 세부적인 면에서 오늘날 교과서에서 볼 수 있는 정리와 다르며 증명 또한 오늘날의 밋밋하고 단순한 증명과는 매우 다름을 확인할 수 있을 것이다. 《추측술》에서 제4부가 차지하는 중요성을 감안하여 본서에서는 제4부 전체를 빠짐없이 옮겼다.

3. 《추측술》에 대한 평가와 편역의 의의

개괄적으로 《추측술》의 네 부분을 살펴본 데서 알 수 있듯이 이 책의 핵심을 이루는 부분은 제2부와 제4부다. 지금도 제4부를 두고 과연 그것이 완성된 것인가 아니면 어떤 이유로 미완성인 채 갑자기 중단된 것인가를 두고 이론이 있지만 확률의 역사에서 중요한 극한정리가 증명과 함께 최초로 실렸다는 면에서 그 중요성에 대해서는 이론이 없다.

한편 오랫동안 조합 이론을 널리 알리는 역할을 했던 제2부에 대해서도 거의 모든 역사 연구자들이 매우 높은 평가를 해 왔다. 그러나 최근 케임브리지 대학의 통계학자인 에드워즈(A. W. F. Edwards, 1937~)가 이 책 제2부에 실린 내용, 그중에서도 베르누이가 과학적이며 새로운 증명이라고 자신했던 내용들은 《추측술》이 나오기 반세기 전쯤에 이미 다른 책에서 발표된 것들이라는 주장을 제기했다. 그 책이란 바로 파스칼의 《수삼각형(Traité du Triangle Arithmétique)》(1665)인데 베르누이는 《추측술》을 쓸 당시에 파스칼의 책을 읽지 못했던 것 같다. 에드워즈는 파스칼의 증명이 시기적으로 베르누이보다 많이 앞설 뿐 아니라 베르누이의 증명보다 더 쉽다고 주장했다.[54] 하지만 에드워즈의 연구는 《추측술》 전체에 대한 것이 아니라 제2부에 국한된 것이라는 점, 그리고 무엇보다 지난 여러 세기 동안 파스칼의 책은 베르누이의 책에 비해 훨씬 덜 알려져 있었다는 점에서 그의 연구 때문에 고전으로서 《추측술》의 가치가 떨어질 수는 없다. 결과적으로 에드워즈의 연구가 파스칼과 베르누이 두 사람 사이의 우열을 때늦게 가리는 역할이 아니라 확률의 역사를 보다 더 풍부하게 만드는 역할을 한다고 보면 될 것이다.

이 책은 확률의 역사, 통계학의 역사에서 중요한 문헌

54) Edwards, PAT, pp. 171~181.

으로 빠짐없이 언급되는 고전이다. 원래 라틴어로 된 이 책은 그와 같은 명성이나 중요성에도 불구하고 출판 후 300년이 가깝도록 부분적으로만 번역되었을 뿐 영어로는 완역본이 나오지 않고 있었다. 그러다가 2006년에야 비로소 과학사학자인 노스캐롤라이나 주립대학 역사학과의 실라(Edith Dudley Sylla) 교수의 번역으로 영어 완역본이 출판되었다. 그 번역은 원래 저명한 확률학자이자 통계학자인 섀퍼(Glenn Shafer), 에드워즈 교수와 공동 작업으로 1984년에 시작되었다고 한다. 그녀가 상세히 밝히지 않은 사정 때문에 두 사람은 빠지고 번역에 착수한 지 20년이 더 지나 실라 교수 단독 번역으로 완역본이 출판되었다. 만약 끝까지 세 사람이 함께 작업을 진행했다면 수학적으로 보다 풍성하고 정밀한 내용이 담긴 번역서가 나왔을 것이다. 그러한 아쉬움에도 불구하고 실라 교수의 책은 단순히 두 가지 다른 언어 사이를 이어 주기만 하는 번역서의 수준을 크게 넘어서는 책이다. 그녀의 《추측술(The Art of Conjecturing)》은 베르누이의 《추측술(Ars Conjectandi)》보다 훨씬 두꺼운데 그녀가 덧붙인 글, 특히 126페이지에 달하는 서문은 그 자체로 하나의 독립된 연구서로 출판해도 아무 손색이 없을 만큼 세밀하면서도 폭넓은 내용을 담고 있다.

옮긴이는 통계학의 역사에 관심을 가진 이후, 통계학사에서 중요한 고전들(베르누이, 드무아브르, 라플라스 등등)을 어떤 방식으로든 우리말로 소개하려는 희망을 갖게 되었는데, 사실 그 동기는 아주 소박하다. 가령 역사에는 별다른 관심이 없는 통계학 전공 학생이 교과서에서 '큰 수의 법칙'을 공부한다고 해 보자. 그 학생이 베르누이가 그 법칙을 어떻게 유도했는지 알아보려고 《추측술》을 굳이 펼쳐 볼 이유란 어디에 있는 것일까? 지금 거의 모든 교과서에서 이 법칙은 체비쇼프(Pafnuty Lvovich Chebyshev, 1821~1894)의 부등식을 이용한 단 한 줄짜리 증명과 함께 소개된다. 그런데 알고 보면 체비쇼프의 부등식은 《추측술》보다 약 150년이나 지나서[사실은 체비쇼프보다 10여 년 전에 비앵에메(Irénée-Jules Bienaymé, 1796~1878)의 논문에서] 발표된 것이다. 즉 체비쇼프가 정리를 하나 증명했는데 그 속에 부등식이 들어 있었고 베르누이와 푸아송의 큰 수의 법칙은 그 정리의 특수한 경우로 볼 수 있을 것이다. 따라서 교과서에 실린 베르누이의 법칙은 '오리지널'이 아니고 체비쇼프의 정리에 맞게 변형된 '체비쇼프 버전의 베르누이 정리'인 것이다.[55] 여기서 체비쇼프 부등식이 없던 시대에 베르누이가 왜 큰 수의 법칙을 생각하고 어떻게 증명했는지 생각해 보는 것은 매끈한 벽이라고 믿었던 곳에서 작은 문을 발견하고 그 문을 열어 보는 것과 같다. 그 문을 들어서면 확률과 통계학이 지닌 의외로 넉넉한 역사를 만나 볼 수 있게 되고 자칫 건조해지기 쉬운 공부가 보다 다채롭고 두툼해질지도 모를 일이다.

한국에서 이 책의 완역을 위한 인적 조건이나 사회적 여건이 어느 정도인지는 판단하기 어렵지만 여러 가지 사정을 감안할 때 완역본보다는 발췌 번역본을 내는 것이 의미가 있을 듯싶다. 희망컨대, 확률과 통계학 또는 수학을 공부하는 사람들이 《추측술》을 인용한 부분을 어디선가 만나게 되면 이전처럼 그냥 '그런 책이 있나 보다'라고 생각하고 넘어가 버리는 대신 이 작은 책을 찾게 되었으면 좋겠다.

---

55) L. E. Maistrov, 《Probability Theory: A Historical Sketch》, translated and edited by S. Kotz, Academic Press, 1974, pp. 198~202.

지은이에 대해

야코프 베르누이(Jakob Bernoulli, 1654~1705)는 스위스 바젤에서 상인의 아들로 태어나 천문학과 수학을 공부한 뒤 1687년부터 바젤 대학의 수학 교수로 평생을 보냈다. 당대의 대학자인 라이프니츠와 교류하면서 미분방정식과 적분 등에 대한 연구를 발표했는데, 그의 동생 장(Jean 또는 Johann 또는 John) 역시 흐로닝언 대학의 교수로서 유명한 수학자이자 형 야코프의 경쟁자였다. 《추측술(Ars Conjectandi)》은 그의 사후 8년 뒤에 조카인 니콜라스가 출판했다. 오늘날까지도 수학과 통계학에서 널리 쓰이는 '베르누이 시행', '베르누이 수' 등에 그의 이름이 남아 있다.

옮긴이에 대해

조재근은 부산에서 태어나 서울대학교에서 통계학 전공으로 학사, 석사, 박사 학위를 받았다. 《통계학의 역사》(스티븐 스티글러 지음, 한길사, 2005), 《추측술》(자코브 베르누이 지음, 지식을만드는지식, 2008), 《확률에 대한 철학적 시론》(피에르 시몽 라플라스 지음, 지식을만드는지식, 2009) 등을 번역했으며, 《통계로 읽는 사회와 경제》(교우사, 2010), 《통계학, 빅데이터를 잡다》(한국문학사, 2017) 등의 책을 썼다. 경성대학교 빅데이터응용통계학과 교수로 일하다 2026년에 퇴임하였다.

원서발췌 추측술

지은이 야코프 베르누이
옮긴이 조재근
펴낸이 박영률

초판 1쇄 펴낸날 2013년 1월 15일
개정1판 1쇄 펴낸날 2026년 2월 26일

커뮤니케이션북스(주)
출판등록 제313-2007-000166호(2007년 8월 17일)
02880 서울시 성북구 성북로 5-11
전화 (02) 7474 001, 팩스 (02) 736 5047
commbooks@commbooks.com
www.commbooks.com

지식을만드는지식은
커뮤니케이션북스(주)의 고전 출판 브랜드입니다.

ISBN 979-11-430-1774-1 03410

책값은 뒤표지에 있습니다.